세계의 환경도시를 가다

SEKAI NO KANKYO TOSHI WO YUKU
by Toshihiko Inoue and Akihisa Suda

Copyright ⓒ 2002 by Toshihiko Inoue and Akihisa Suda
All rights reserved.

Originally published in Japanese by Iwanami Shoten, Publishers, Tokyo in 2002.
Korean Translation Copyright ⓒ 2004 by Sakyejul Publishing Ltd.
This Korean language edition is published by Sakyejul Publishing Ltd., Seoul in by arrangement with the author c/o Iwanami Shoten, Publishers, Tokyo through Literary Agency Y. R. J., Seoul, Korea.

이 책의 한국어판 저작권은 유.리.장 에이전시를 통해 저작권자와 독점 계약한 (주)사계절출판사에 있습니다.
저작권법에 의해 한국 내에서 보호를 받는 저작물이므로 무단 전재와 무단 복제를 금합니다.

세계의
환경도시를
가다

이노우에 토시히코 · 스다 아키히사 편저 | 유영초 옮김

머리말

환경 문제의 해결은 '지구 레벨로 사고하고, 발을 딛고 선 곳에서 실천하라'는 것이 기본원리입니다. 지구 차원에서 논의하는 것도 필요하지만 스스로 할 수 있는 범위에서 문제를 해결하는 것이 지구시민의 자세인 것입니다.

실제로 지구온난화나 오존층 파괴를 비롯한 지구적 규모의 문제와 함께, 가까운 주변에는 생활배수에 따른 하천 오염, 쓰레기, 폐기물 처리, 화학물질 오염, 디젤 차량의 배기가스 문제 등 절실한 문제가 산더미같이 쌓여 있습니다.

이러한 많은 문제를 해결해나가기 위해서는 행정에 의한 법 규제나 산업계의 기술혁신과 함께 환경에 대한 의식개혁이 중요한 요소가 되고 있습니다.

이미 세계적으로 환경 문제를 자신들의 절실한 과제로 삼고 지역 차원이나 도시 차원에서 해결의 실마리를 찾으려는 움직임이 활발해지고 있습니다. 이런 앞선 노력으로 최근 '환경도시'라는 말을 자주 듣게 됩니다.

세계의 모든 국가나 한 나라 전체가 환경 문제에 전념하는 것은 어려운 일입니다. 그렇지만 도시 차원이라면 열성적인 시장과 시민들의 노력, 그리고 핵심적인 기업의 협력으로 환경도시로 가는 선구적인 개혁을 실현하는 것이 어려운 일은 아닐 것입니다.

　이 책에서는, 첫째 공해에 시달려온 '마이너스 역사'를 뒤집어 환경도시로 되살려내고, 둘째 자연파괴의 위협을 겪으면서 환경 선진지역으로 변모하고 있으며, 셋째 행정당국에서 앞장서서 개혁의 깃발을 들고 산·학·관·민의 연대 아래 환경도시를 지향한다는 이 세 가지 경우를 놓고서, 세계의 환경도시에 대한 도전들을 묶어보았습니다.

　도시라고 하지만 일반적으로 이야기하는 도시가 아닌 곳도 많이 들어 있습니다. '지역'이랄까 '지구(地區)'라고 해도 좋은 곳입니다. 그래도 '환경도시'라는 말로 함께 묶어놓은 것은 무엇보다 지금 일본의 도시 모습에 불만을 가지고 있어서입니다. 도시야말로 환경대책을 확실하게 세워서 사람이 살기 좋은 곳이 되어야 할 것입니다. 그런 의미에서 우리들은 더욱더 세계의 여러 도시에서 배울 필요가 있다고 생각합니다.

　마지막에 지금 일본에서 펼치고 있는 '환경수도 만들기 운동'을 덧붙였는데, 앞으로 환경도시를 조사하고 공부하는 참고서로서, 또 자기가 태어나고 자란 도시의 환경에 대한 노력을 살펴보는 자료로 삼아 읽어주신다면 좋겠습니다.

　　　　　　　　　편저자 이노우에 토시히코·스다 아키히사

차 례

머리말 _ 4

01 되살아난 공해도시

'셔츠가 금방 더러워지는 거리'에서 대변신 _ 10
_ 미국 채터누가

'숨쉬는 거리'를 만들어 대기오염을 극복 _ 26
_ 독일 슈투트가르트

불편함을 받아들이는 거리 만들기 _ 40
_ 미나마타 시

시민의 참여로 환경도시를 지향한다 _ 58
_ 이타바시 구

산·학·관·민이 협동하여 환경산업 진흥 _ 71
_ 키타큐슈 시

02 자연파괴에서 에코 선진지구로

생태관광으로 관광의 나라를 _ 92
_ 꼬스따리까

'범람하는 하천'을 부활시킨다 _ 107
_ 네덜란드·독일·오스트리아-라인 강·도나우 강

웨일즈의 생태 테마공원 _ 122
_ 영국 CAT

납 제련기술을 살려 재활용 산업을 일으키다 _ 133
_ 우그이스자와 정

풍력발전의 중심지가 되다 _ 142
_ 타치카와 정

03 도시계획으로 환경수도를 꿈꾼다

'녹색개혁'의 선구자 _ 152
_ 브라질 꾸리찌바

21세기 환경시책을 선점한 북유럽의 생태도시 _ 171
_ 스웨덴 예테보리

돈 안 드는 환경대책으로 환경수도를 _ 186
_ 독일 에칸페르데

사회적 실험과 작은 활동을 쌓아 환경수도로 _ 200
_ 독일 함

일본의 환경수도를 만들자 _ 216
_ '환경수도 콘테스트'

후기 _ 232

이 책을 옮기고 나서 _ 234

01
되살아난 공해도시

'셔츠가 금방 더러워지는 거리'에서 대변신

_미국 채터누가

1996년 유엔(UN)으로부터 '환경과 경제발전을 양립시킨 도시'로 상을 받은 채터누가(Chattanooga) 시는 시민, 기업, 행정이 삼위일체가 되어 현실적인 환경정책을 추진해왔다. 예전의 공해도시 이미지를 씻기 위해 여러 가지 규제와 함께 전기버스의 도입이나 하수도 관리 사업 같은 시책을 폈는데, 환경도시로 변모해가는 과정에서 배울 것이 많다.

채터누가 시는 미국 동남부 '테네시 계곡 개발공사(TVA)'로 유명한 테네시(Tennessee) 강가에 있다. 인구는 약 15만 명이고, 대도시 애틀랜타(Atlanta)와 내슈빌(Nashville)의 중간 지점에 있는데 어느 쪽에서든지 자동차로 2시간 정도 걸린다.

세계에서 가장 긴 보행자 전용 다리

"저기 보세요, 왜가리가 보이지요? 아침에는 40마리씩이나 옵니다."

테네시 밸리 파트너(TVP·Tennessee Valley Partner)사의 짐 보엔 부사장은 강가에서 물고기를 쪼아먹고 있는 새를 가리켰다. 그 옆에서는 노인 한 사람이 낚싯대를 드리우고 있

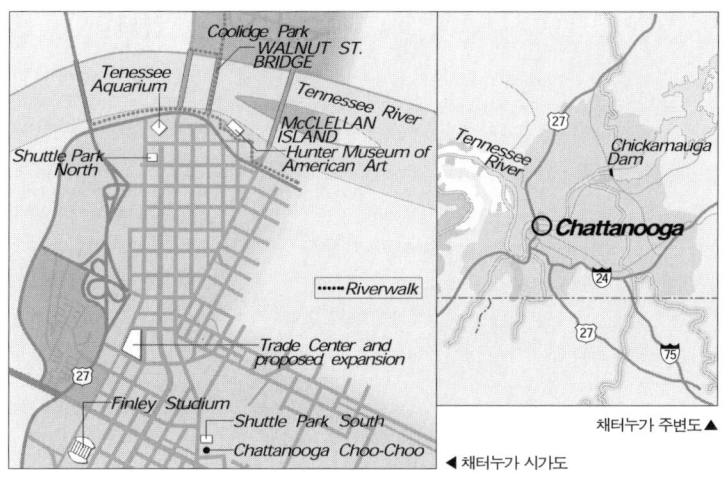

◀ 채터누가 시가도
채터누가 주변도 ▲

다. 도루묵 종류나 잉어 종류인 77리가 잡힌다. 강바닥의 불순물을 먹어치우는 메기는 아직 삼가라는 간판이 세워져 있지만, 대부분의 물고기는 먹을 수 있게 되었다.

이곳 테네시 리버 파크(Tennessee River Park)는 테네시강 남쪽 기슭을 따라 테네시 밸리 파트너사가 개발한 채터누가 시민의 휴식 공간인데, 무엇보다 로빈슨 브리지(Robinson Bridge) 지구는 구름다리가 5개나 늘어서 있어 가장 인기 있는 지역이다. 강변에는 길이 13km나 되는 '리버 워크(River Walk)'라는 산책로가 이어져 있다.

리버 워크에서 도심 쪽으로 향하면 강의 양쪽 기슭을 연결하는 거대한 푸른 다리가 눈에 들어온다. 그러나 이 장대한 다

사진 1·1_ 월넛 스트리트교는 보행자와 자전거만 통행할 수 있다. 애완동물도 통행할 수 없다.

리를 지나는 것은 보행자와 자전거뿐, 차는 보이지 않는다. '월넛 스트리트교(Walnut ST. Bridge)'라고 하는 이 다리는 전체 길이가 1.2km로, 세계에서 가장 긴 보행자 전용 다리다(사진 1·1). 1891년에 만들어진 이 다리는 너무 낡아 철거되기 직전이었는데 풀뿌리 시민단체가 철거 반대 운동을 일으켜, 마침내 시에서는 다리를 보수하여 1993년 다시 개통했다.

월넛 스트리트교를 다시 건너다닐 수 있게 되자 북쪽 강기슭에는 카페와 갤러리를 비롯하여 주점이 쭉 들어서고 젊은이들에게 인기 있는 거리가 되었다. 7월에 테네시 리버 파크의 새로운 명소 '쿨리지 파크(Coolidge Park)'가 문을 열면 더욱 활기를 띠게 될 것이다. 이 아름다운 거리를 보면 이곳이 미국

사진 1·2_ 1970년대 채터누가 시의 모습. '미국에서 대기오염이 가장 심한 거리'였다.

에서 가장 공해가 심한 도시였다는 것은 상상하기 어렵다.

미국에서 대기오염이 가장 심한 거리

세계 최초로 '지구의 날(Earth Day)'이 열린 바로 그 전해인 1969년에 환경보호국(EPA)이 채터누가 시에 '미국에서 대기오염이 가장 심한 거리'라는 불명예스런 딱지를 붙이자 시민들의 표정이 달라졌다.

"거리는 항상 뿌연 안개가 껴서 밖을 걸어다니면 셔츠가 금방 더러워졌습니다."

그 당시 고등학생이었던 채터누가 시장 존 킨제이 씨는 이렇게 회상한다. 대낮에도 자동차 헤드라이트를 켜지 않으면 안 될 정도로 안개가 낀 날이 연간 150일 이상이나 되었다(사진 1·2). 앞이 잘 안 보이니 자동차 사고도 물론 많았다. 집 안에서도 공장에서 날아오는 분진을 덮어쓰고 고통을 받았다. 폐렴 환자 수는 미국 평균의 세 배나 되었다.

　　대기오염의 원인은 테네시 강 주변에 빽빽이 들어선 공장들이었다. 제2차 세계대전 후, 석탄, 철, 석회암 같은 자원이 풍부한 채터누가는 미국 남부의 산업 중심지로 번창했다. 미국에서 열손가락 안에 드는 공업지대인 채터누가는, 무엇보다 철강 공업이 발달해서 브레이크 드럼이나 주방용품, 풍로 등을 제조하고 있었다. 시내에는 원자력 공장, 철공소, 화학 공장, 섬유 공장의 굴뚝이 늘어섰고, 1950년대에서 1960년대에 걸쳐 이런 중공업 때문에 대기오염이 진행되었다. 그리고 산으로 둘러싸인 분지 지형 때문에 오염된 공기가 시내에 정체되어 있었으며, 차들이 내뿜는 배기가스도 오염을 가중시켰다.

　　환경보호국의 발표가 있자, 시에서는 당장 대기오염억제국을 설치하고 1972년 10월까지 각 공장에 배출가스를 억제하는 필터 장치를 의무적으로 설치하게 하는 등 대기오염 억제에 착수한다. 채터누가 시에서 가장 큰 기업인 위 랜드 철공소가 앞장서서 노력한 덕분에 거의 모든 공장에서 필터 장치를 설치한다. 이것을 설치하는 데 든 비용은 모두 1억 달러에 이른다. 이로써 1990년에는 환경보호국이 체크하는 모든 항목에서 규정수치를 달성할 수 있게 되었다. 오염 방지 프로그램도 추진했다. 다음은 채터누가 시 대기오염억제국장 로버트 콜비 씨의 말이다.

"이를테면, 칠을 할 때도 보통 많이 쓰는 페인트 스프레이 건 대신에, 비용도 싸고 저압으로 페인트를 분사하기 때문에 부착률도 높은 HVLP 분무기를 사용하도록 호소하고 있습니다. 스프레이 건의 경우는 페인트 성분이 공기 중으로 날아가서 대기오염으로 이어지기 때문이지요."

이러한 적극적인 움직임에 힘입어 채터누가의 대기오염은 조금씩 개선되어, 8년 사이에 환경보호국의 기준치를 11%나 웃돌 정도가 되었다.

시민의 아이디어를 결집한 '비전 2000'

1970년대 중반 오일 쇼크의 여파로 채터누가의 산업은 쇠퇴해 갔다. 시민들은 공기도 오염되고 직장도 없어진 도심에서 교외로 옮겨가기 시작했고, 도심의 인구는 빠른 속도로 줄어들게 된다. 그 후 1980년대 들어서 풀뿌리 시민모임이 죽어버린 채터누가 거리를 되살리려고 떨쳐나선다. 이것이 시민 자원봉사 조직 채터누가 벤처(Chattanooga Venture)의 시작이었다.

채터누가 벤처의 대표였던 시의회 의원 메이블 홀리 씨는 시 직원들과 함께 거리를 되살리는 데 일찌감치 성공한 인디애나폴리스(Indianapolis)를 방문하여, 시민들을 끌어들이는 '거리 살리기 프로젝트'를 배운다.

홀리 씨는 1984년에 린드허스트 재단(Lyndhurst Foundation)의 지원을 받아 시민단체에 호소하여 '거리 살리기 계획'을 공모하는 비전 2000이라는 조직을 4개월에 걸쳐서 운영했다. 린드허스트 재단은 코카콜라 보틀링 컴퍼니(Coca-cola Bottling Company)의 기금으로 설립하였는데, 이 회사는 채터누가가 발상지다. 홀리 씨는 모임을 가지면서 오염과 경제 쇠퇴로 자신감을 잃고 있던 시민들 가운데 희망의 싹을 보았다. 그 중에서도 시민들이 가장 희망하고 있었던 것은, '테네시 강 찬미의 정신', 곧 황폐해진 테네시 강을 정이 가는 강으로 변화시키고 싶어하는 바람이었다. 연인원 1700명 이상의 시민이 이 모임에 참여하고 223건의 아이디어가 제출되었다. 아이디어를 서로 내놓고 목표를 결정하자, 이번에는 '이 프로그램이라면 나도 협조할 수 있다'며 시민들이 자원봉사자로 참여하기 시작했다.

린드허스트 재단도 '비전 2000'을 이루기 위한 조직 만들기를 지원하여, 1984년부터 1992년까지 해마다 35만 달러를 원조하였다. 1986년 리버 시티 컴퍼니(River City Company · TVP사의 전신)가 설립되어, 앞서 이야기한 산책로 '리버 워크'와 세계의 담수어를 모아놓은 '테네시 수족관(Tennessee Aquarium)'을 포함한 강어귀 개발에 힘을 쏟았다. 1989년에 테네시 리버 파크 공사가 시작되고 1992년 5월에는 테네시 수족관이 문을 열었다. 월넛 스트리트교도 철거되지 않고 살아남게 되었다. 이러한 강어귀 개발에 든 비용은 8억 달러에 이르렀다. 대부분이 사기업

사진 1·3_ 채터누가 시를 살리는 계기가 되었던 테네시 수족관에 관광객이 몰려든 모습.

에서 투자한 것이지만 시, 주, 연방에서도 원조를 했다. 다음은 TVP사 보엔 부사장의 말이다.

"수족관이 만들어지기 전에는 이 주변이 황량한 공장 터였기 때문에 시민들이 전혀 가까이하지 않았습니다. 그래서 1988년부터 2년에 걸쳐 주변의 토지 10에이커를 450만 달러에 사들이고 재개발을 추진했던 것입니다."

채터누가 재생의 상징이 된 '테네시 수족관'은 이 지역 학생의 아이디어였다. 애초에는 미덥지 않았던 수족관도 막상 뚜껑을 열자 예상 인원의 두 배를 넘는 연간 130만 명이라는 관광객이 몰려들어 채터누가 시는 미국 남부에서도 주목받는 관광도시가 된다(사진 1·3). 수족관은 주변의 거리에도 5억 달러의

사진 1·4_ 5분 간격으로 운행하는 전기 버스(왼쪽)와 배터리 교환하는 모습(오른쪽, 하루에 한 번 10분 만에 교환된다).

경제적 효과를 내게 한다. 수족관 주변에 100개 이상의 가게와 레스토랑이 들어섰고, 1996년에는 아이맥스 영화관과 어린이 박물관도 문을 열었다. 거주 인구를 다시 늘리기 위해서 강변에 아파트를 건설하였으며, 2000년 4월에는 6000석을 갖춘 야구장도 개장했다. 또, 관광객의 수요에 맞추어 유명 호텔 체인점인 매리어트 레지던스 인(Marriott Residence Inn)을 유치하는 데도 성공했다.

전기 버스 도입으로 파크 앤 라이드를 실현

채터누가는 중간 크기의 도시인데도 신기하게 시내의 큰 도로에는 차가 많이 다니지 않는다. 그 대신에 눈에 들어오는 것이 도로를 빈번하게 오가는 전기 버스 '일렉트릭 셔틀(Electric

Shuttle)'이다(사진 1·4).

채터누가 시는 자가용 때문에 생기는 교통정체를 없애고 자동차 배기가스를 줄이기 위해, 시내에 차를 들여놓지 않는 파크 앤 라이드(Park & Ride) 방식을 채택하였다. 그래서 시내로 들어가는 입구에 주차장을 만들고, 그 사이를 전기 셔틀버스로 연결하였다.

셔틀버스는 도심 남쪽 관광지로 증기기관차 발착장이 있는 채터누가 츄츄(Chattanooga Choo-Choo)와 북쪽의 테네시 수족관 사이를 5분 간격으로 운행한다. 남쪽과 북쪽의 터미널에는 주차 빌딩이 있어, 교외에서 통근하는 회사원들은 차를 주차장에 놓고 셔틀버스를 타고 사무실로 간다. 2개의 주차 빌딩은 고속도로의 출구에서도 가깝고, 또 주차비도 한 달에 10달러로 근처 주차장에 비해 싸다. 그래서 회사원들은 통근할 때뿐만 아니라 낮에 외출할 때나 도심으로 나갈 때도 선뜻 셔틀버스를 이용하고 있다.

시에서는 1989년에 캘리포니아(California) 주 샌타바바라(Santa Barbara)를 본보기로 전기 버스 운행을 계획한다. 그리고 이 지역의 제조업자인 존 퍼거슨 씨에게 제의한다.

"채터누가 운송국에서 전기 버스를 만들지 않겠느냐는 말을 한 것은 1992년 말입니다. 깨끗하고, 조용하고, 오염을 일으키지 않는 '녹색버스'를 만든다는 것은 차와는 통 인연이 없던 나한테는 모험이었습니다."

지금 셔틀버스를 제조하고 있는 AVS 사장 퍼거슨 씨한테는 맨땅에서 전기 버스를 만들어내는 것처럼 엄청난 일이었다. 종업원 5명으로 길이가 약 6.6m 되는 22인승 차를 만들기 시작하여 참으로 많은 시행착오를 거듭한 끝에 차를 완성했다. 하지만 몇 마일도 못 가 배터리가 나가는 형편이었고, 공급처에서 부품을 구하는 것도 어려웠다. 제1호 전기 버스가 운행을 하기 시작한 것은 1993년 6월이었다.

현재 CARTA(Chattanooga Area Regional Transportation Authority · 채터누가 운송국)는 모두 1200대를 수용할 수 있는 남쪽과 북쪽의 주차장에서 얻은 수입으로 셔틀버스의 운영자금을 마련하고 있다. 지금은 수입(50만 달러)이 운영비(70만 달러)의 70% 정도밖에 안 되지만, 세 번째 주차 빌딩이 2000년 여름에 완성되면 비용을 모두 충당할 수 있을 것이라고 한다. 그리고 노선과 운행시간도 확대하여 수익을 높여가려 하고 있다.

지금은 18대의 셔틀버스를 운행하고 있는데, 앞으로 11대를 더 주문할 예정이다. 전기 버스는 디젤 버스에 비해 4배의 효율을 낸다. 연료비도 디젤 버스가 1마일당 16센트인 데 비해서 겨우 6센트밖에 안 될 정도로 아주 효율이 높다.

거기에다 길이가 10m인 '하이브리드 일렉트릭 버스(Hybrid Electric Bus)'도 나왔다. 이것은 압축 천연가스를 연료로 쓰고 있어 디젤 버스에 비해 연비가 18배나 되는 장점을 가지고 있다. 현재 운행하고 있는 23대의 디젤 버스는 2년 안에 하이브리드 일렉트릭 버스로 바꿀 예정이다.

이제 AVS사는 미국 최대의 전기 버스 제조회사가 되어 포틀랜드(Portland)와 마이애미(Miami)를 비롯하여 미국 동부의 15개 도시에도 전기 버스를 납품하고 있다. 록펠러 재단(Rockefeller Foundation)이 개발도상국의 전기 자동차 도입을 추진하고 있기도 하며, 전기 버스의 수요는 앞으로 더 높아질 것이다.

하수의 재활용, 오염 정화를 비즈니스로

킨제이 시장은 "대기오염으로 유명했던 채터누가였지만 이제 공기 문제는 해결되었고, 앞으로 시가 힘을 쏟으려 하고 있는 것은 물 문제"라고 말한다. 저지대인 채터누가는 테네시 강의 홍수에 시달려왔다. 시의 홍수대책과에서는 홍수를 방지하기 위해 테네시 강의 지류인 사우스 치카무가(South Chickamauga Creek) 샛강을 따라서 홍수 방지를 위한 제방을 쌓는 등 홍수 대비책을 추진해왔다.

  어려운 숙제는 '7시 반의 플래시 레인(Flash Rain)'이라 일컫는 시내의 하수 문제였다. 이것은 큰비가 오는 아침에 시민들이 화장실 물을 흘려보낼 때 맨홀이 넘쳐나는 것을 말한다. 이것은 화장실용 관과 홍수대책용 관이 하수구에 함께 연결되어 있기 때문에 일어나는 문제로, 이런 지역은 1300군데나 되었다. 이를 방지하기 위해서 시에서는 4000만 달러를 들여 테네시 강의 7개 지류에 저수지를 만들기 시작했다. 또, 도시 디자인 센터(Urban Design Centre) 소장 리처드 로스만 씨는 "건물 앞의 보도 아래 홍수대책용 공유관을 만들고 빗물이 거기로 흘러가게 장치를 고안했다."고 말한다. 이것은 보도나 지붕으로 떨어지는 빗물을 필터로 걸러 보도 아래의 관으로 흘려보내서 3개의 저수탑에 저장해두는 것이다. 이렇게 해서 물은 건기에도 이용할 수 있고, 소방서나 공장에서도 재활용할 수 있다.

"여기서 중요한 것은 보도의 중앙에 홍수대책용 관을 묻었다는 표시를 해두어 저수탑을 눈에 띄게 만드는 것인데, 이것은 시민들에게 재활용의 중요성을 알게 하는 것이다." 하고 로스만 씨는 덧붙인다. 이 빗물 재활용 장치는 2000년 가을에는 완성될 예정이다.

채터누가 교외에 있는 쓰레기 처리장에서는 오염된 흙과 하수 찌꺼기를 정화하고 재처리하는 작업이 이루어지고 있다. 열처리 서비스업계의 대기업인 SR2가 3년 전부터 시작한 일로, 쓰레기 처리장에서 발생하는 메탄가스 따위를 공장의 설비 같은 것을 돌리는 에너지로 활용하고 있다. SR2 매니저인 마이클 라이더 씨는 다음과 같이 말한다.

"보통 쓰레기 처리장에서는 발생하는 천연가스를 전부 태워 없애고 있습니다. 그 중에서 50%는 메탄가스인데, 그것은 대기오염의 원인이 되기도 하지만 그 가스를 에너지로 활용할 수 있다고 생각했습니다."

오염된 흙과 하수 찌꺼기는 슈레더(Shredder) 설비에 넣어 약 300℃에서 열처리를 한다. 이렇게 정화된 흙은 시에서

사진 1·5_ 멸종될 위기에 놓여 있던 밤나무의 신종을 개발해 심고 있다.

조달한 낙엽과 고사목(枯死木)을 열처리하여 생긴 유기질이 많은(High Organic) 흙과 섞어서 1톤에 8~10달러로 조경업자와 건설업자에게 판매하고 있다. 이렇게 가스, 흙, 낙엽 등을 재활용하는 SR2의 사업은 투자자들의 주목을 받고 있다.

'테네시의 성지'를 지키는 인디언의 지혜

오염된 흙과 하수 찌꺼기를 재활용함으로써 도시의 환경대책이 진전되었다고는 하지만, 대기오염 등으로 상처받은 테네시의 자연은 회복되고 있는 것일까? 테네시 계곡은 미국 동부에서는 진귀한 산림지대로 동식물도 많이 서식하고 있다. 테네시

계곡 주변의 토지를 사들여 자연보호 활동을 벌이고 있는 트러스트 단체가 많다. 그 가운데 하나인 룰라 호수 토지 트러스트(Lula Lake Land Trust)는, 1940년대에 탄광의 폐기물이 트러스트 안의 샛강을 오염시켜서 수질이 변하고 물고기와 마실 물에 악영향을 끼친 적도 있어, 무엇보다 샛강의 수질 점검에 힘을 쏟고 있다. 더군다나 1960년대에는 미국 밤나무(American Chestnut Tree)들 사이에 곰팡이가 번져 거의 모든 나무가 멸종되었다. 이 단체는 중국산 밤나무와 교배시킨 잡종을 개발하고 심어서 숲을 회복하려 하고 있다(사진 1·5). 트러스트의 소장 빌 체프리 씨는 "앞으로 채터누가 주변의 산림지대를 하나로 연결하고 싶다."고 말한다.

또 하나의 트러스트 단체인 테네시 강 골짜기 트러스트(Tennessee River Gorge Trust)는 설립한 지 18년이 된 지금 회원수는 900명에 이른다. 회비는 1년에 25달러지만, 1만 달러를 기부하는 회원도 있다고 한다. 이 단체의 제임스 브라운 씨는 "개발업자와 경쟁해야 하긴 하지만, 모두 조상 대대로 내려온 토지를 지키고 싶은 애착이 강해서 트러스트에 제공하겠다는 유언을 남기는 지주도 적지 않다."고 말한다. 채터누가 원주민인 체로키(Cherokee) 인디언들의 '7대손을 생각하고 결정하라.'는 지혜가 이 지역 사람들에게 구전되고 있다고 한다. 대기오염을 일으켰던 공업 발전으로부터 30년이 지난 지금, 기적적으로 소생한 채터누가는 똑같은 잘못을 되풀이하지 않기 위해서 이 '지혜'를 살리는 방안을 모색하고 있다.

'살아 있는 실험실'인 채터누가에서는 공장들 사이에 폐기물이 재활용으로 이어질 수 있는 그러한 '생태산업 단지(Eco-Industrial Park)'와 애틀랜타를 연결하는 고속철도도 계획하고 있다.

글 이이즈카 마키코(飯塚眞紀子) / 사진_ 오시모토 류이치(押本龍一) / 1999년 7월

'숨쉬는 거리'를 만들어 대기오염을 극복

_독일 슈투트가르트

거리를 둘러싼 자연의 생기를 원활히 순환시켜 대기오염을 개선하는 데 성공한 도시가 있다. 독일의 바덴뷔르템베르크(Baden-Württemberg) 주에 있으며 남부 독일 제2의 도시인 슈투트가르트(Stuttgart)이다.

분지 지형에 오염된 공기가 고여

슈투트가르트는 다임러 크라이슬러(Daimler Chrysler)사, 포르쉐(Porche)사, 광학기기의 짜이스(Zeiss)사의 본사가 입지한 남부 독일을 대표하는 산업도시다. 독일의 관문인 프랑크푸르트(Frankfurt)와 뮌헨(München)을 연결하는 벨트상에 있으며, 프랑크푸르트에서 ICE특급으로 약 90분 걸리는 거리에 있다. 인구는 58만 6000명(United Nation, Demographic Yearbook 1995)이고, 면적은 207km²이다. 이 가운데 슈바르츠발트(Schwarzwalt · 흑림)의 산림이 25%를 차지하고 있다. 삼면이 녹지 구릉으로 둘러싸여 있는데, 도심은 그 분지에 자리 잡고 있으며, 유일하게 개방되어 있는 동부에는 네카어(Neckar) 강이 흐르고 있다. 이런 지형은 바다와 강이라는 차이는 있지만 어딘지 모르게 일본의 카마쿠라(鎌倉)를 연상시킨다.

　　슈투트가르트 시가 이런 분지에 자리잡은 까닭은 겨울철에 추위를 잘 넘기기 위한 것이었다. 카마쿠라와 같이 방위상으로 유리한 점도 영주의 성을 중심으로 한 도시로 발전하는 데 기여하였다. 그러나 이렇게 도시에 유리했던 지리적 특징이, 20세기에 들어서 인구가 급증하고 땔감의 이용도 늘어나서 대기오염 물질이 증가하자 오히려 많은 문제를 낳게 되었다. 이 도시가 자리하고 있는 독일의 남서부는 예전부터 바람이 그다지 세지 않은 지방이다. 이를테면, 북부 독일의 함부르크(Hamburg) 시가 평균 풍속이 초속 6m인 데 비해 슈투트가르트 시는 2m이다. 더구나 도심은 분지이기 때문에 더욱 풍속이 약하고, 그 결과 대기오염 물질이 도심의 상공에 머무르게 된다.

　　또, 주변의 구릉지에 비해서 기온이 높기 때문에 도시 상공에서 겨울철 접지역전층(接地逆轉層)이 일어나게 된다. 접지역전층은 보통은 고도가 높아짐에 따라서 온도가 내려가는데도 오히려 온도가 올라가버리는 층이 생기는 현상이다. 그 결과 보통의 대기층과 역전층의 경계면에서는 공기의 대류가 일어나지 않게 되고, 도심의 오염된 공기는 경계면의 아래에 갇혀버리게 된다. 이런 특징을 가진데다 슈투트가르트 시의 공업활동이 활발하게 일어나면서 대기오염은 더욱 심해져, 1930년대에 벌써 대기오염이 지독한 거리로 널리 알려지게 된다. 그리고 제2차 세계대전이 끝난 뒤에는 상황이 더욱 악화되어, 주택의 난방용으로 땔나무와 석탄의 사용을 금지하는 조례를 제

사진 1·6_ 도심을 둘러싸고 있는 숲의 구릉에서 본 슈투트가르트 시가지 전망.

정할 정도였다.

이처럼 슈투트가르트 시는 독일에서뿐만 아니라 세계적으로도 다른 도시보다 훨씬 심각한 대기오염 문제에 직면하였다. 그래서 1939년에 일찌감치 도시 기후에 관한 부서를 설치하여, 대기오염의 현황을 조사하고 미세 기후를 연구하는 데 적극 힘을 쏟게 된다. 아울러 대기와 물의 순환을 도시계획의 요소로 자리잡게 하여 숨쉬는 도시를 만들려 하였다.

찬 공기를 도심으로 당긴다

슈투트가르트 시의 대기오염 원인은 오염물질이 대량으로 배출되어서라기보다는 배출된 오염물질을 확산시키는 바람이 매우 약하다는 데 있었다. 그러나 대기오염의 원인을 제공하며 도시 안에 부는 바람마저 약하게 하는 이 분지 지형이 아울러 해결의 실마리를 제시하였다.

시는 표고 차이가 약 300m 되는 구릉으로 삼면이 둘러싸여 있다(사진 1·6). 이 구릉은 숲으로 덮여 있는데, 여기서 생기는 차가운 공기는 도심부에 머물러 있는 따뜻한 공기에 비해 무겁기 때문에 밤이 되면 슈투트가르트 도심 쪽으로 흘러든다. 이 풍속은 결코 빠르지는 않다. 그러나 연간 평균 풍속이 초속 1m 이하인 도시에서는 이 정도 풍속도 오염된 공기를 몰아내는 구세주가 될 수 있었다.

시에서는 이 바람을 도시 안으로 잘 흘러들게 하기 위해 도시의 토지와 건물의 형태를 제한하여 '바람 길'을 만들고 신선한 공기를 끌어당기는 '바람 계획'을 세우게 되었다. 이때가 1970년대 후반이다.

그리고 계획의 근거가 되는 자료를 얻기 위해 대기의 흐름에 관해 많은 조사를 실시했다. 처음에는 바람의 흐름을 읽기 위한 기초 조사를 하고, 여름과 겨울, 낮과 밤의 지표면 온도분포도를 작성하고, 그것을 토대로 공기의 흐름과 하천, 녹지, 건물 들이 미치는 영향을 조사했다. 나아가 풍향, 풍속, 풍량 등을 자세히 조사하였다. 특히 주목했던 것은 도시의 남서쪽에 있는 네센바흐(Nesenbach) 계곡인데, 육불화유황이라는 기체를 이 계곡의 상류에서 흘려보내 하류에 있는 네카어 평야에 이르기까지 그 경로와 속도 등을 측정하였다.

이러한 데이터를 바탕으로 먼저 광역 마스터 플랜(Master Plan)으로서 '랜드 스케이프(Land Scape) 계획'과 '광역 지역 계획'이 만들어졌다. 랜드 스케이프 계획은 1981년에 슈투트가르트 지역위원회(시와 시 주변의 다른 시·군·마을로 구성됨)가 세운 것으로 토지이용 계획도, 수계(水系) 계획도 등의 7개 요소로 이루어져 있는데, 그 가운데에는 기후 계획도도 포함되어 있다. 그리고 광역 지역 계획은 주 내무부가 1979년에 작성한 것으로 시를 포함하여 주변의 토지이용의 개념적인 구상도가 제시되어 있고, 시 주변은 지역풍을 생산하는 녹색 벨트로 자리매김되어 있다.

'바람 길'을 만들기 위한 토지이용 계획

이러한 광역 마스터 플랜에 따라 슈투트가르트 시는 도시계획을 세우고 '바람 길'을 구체화했다.

독일에서 건축 토지이용과 도시 건설에 관한 가장 기초적인 계획은 시·군·마을이 정하는 건설관리 계획이다. 건설관리 계획은 'F플랜'이라고 하는 토지이용 계획과 'B플랜'이라고 하는 지구 세부계획으로 구성되어 있다. F플랜은 해당 시·군·마을 전역에 대해서 어림잡아 10~15년 앞을 내다보고 토지이용의 개요를 정하는 마스터 플랜인데, 일본의 '용도지역(用途地域)' 같은 것이다.

B플랜은 거리와 구역 단위의 개별 소지구마다 원칙으로 F플랜에 따라 '시·군·마을의 조례'로 정해지는 '최종적인 세부 도시계획'이다. 이것은 토지의 건축 이용 구분, 건축 허용 한도(벽면선, 건폐율, 용적률) 등 일체를 종합적으로 정하는 것으로, 일본의 '건축협정'과 비슷하다. 다만 주민에 대해 직접 법적인 구속력을 갖고 있다는 점에서 일본의 건축협정과는 차이가 있다. 슈투트가르트 시에서는 F플랜과 B플랜을 요령 있게 조합함으로써 '바람 길'을 만들고 있다.

F플랜에 따라, 도심에 머물러 있던 공기를 몰아내고 차가운 바람을 만들어내는 구릉의 숲 지대는 모두 개발할 수 없는 지역으로 보전되고 있다. 또 구릉 비탈면에 대해서는 녹지계와 주택계가 번갈아서 용도 지정을 하고 있다. 이곳은 이전부터 있던 건물을 고쳐 지을 때에만 주택 개발을 허가하고 있는 지역이다. 새로운 개발로 바람의 흐름에 장애가 될 만한 것들은 미리 방지하고, 그와 함께 종래의 주택 환경도 보전하고 있는 것이다. 이처럼 F플랜은 거시적인 측면에서 시의 도시 구조, 곧 고밀도 도심과 이를 세 방향에서 에워싼 산림을 유지하고 있다. 그리고 B플랜에 따라 미시적인 측면에서 바람의 흐름을 제어하기 위해 다음과 같은 규제가 이루어지고 있다.

▶ 도심에 가까운 구릉에 녹지의 보전, 도입, 개축 이외의 신규 건축 행위 금지.
▶ 도시 중앙부의 바람 길이 되는 지역에서 건축물에 대해 높이는 5층까지

로 규제하고 건물의 간격은 3m 이상으로 설정.
▶ 바람 길이 되는 큰길과 작은 공원은 100m 폭 확보.
▶ 바람이 통하는 길이 되는 숲의 샛길 정비.
▶ 키 큰 나무를 밀도 있게 심어 신선하고 차가운 공기가 고이는 '공기 댐'을 만들고 강한 공기의 흐름을 확산.

이러한 대책을 실시한 결과, 시간마다 1억 9000m³의 신선한 공기를 도심부로 끌어들이고 도심의 오염된 대기를 확산시키는 데 성공하였다.

바람을 유도하는 공간 구조 만들기

그러면 슈투트가르트 시의 구체적인 바람의 흐름과 그것을 살린 도시계획의 실태를 살펴보자. 연간 평균 풍속을 측정한 데이터를 보면 네카어 강에 이어진 평야와 도심부의 풍속이 매우 낮다는 것을 알 수 있다. 그런데 도심부의 남서쪽에 있는 네센바흐 계곡에서 강한 바람이 흘러들고 있다. 이 바람을 부드럽게 도심부로 흘러들게 하는 것이 중요한 과제인데, 도시계획(F플랜, B플랜)도 이 바람의 유입을 촉진하도록 세워졌다.

이렇게 현지 조사를 바탕으로 숲에서 만들어지는 신선한 바람의 흐름과 시가지의 바람의 주요한 흐름을 알 수 있는 '바람 길' 계획도가 작성되었다(지도 1·7). '바람 길'의 중앙로(사진 1·8)는 네센바흐 계곡에서 보빙가(Wobinger) 거리로 빠져서

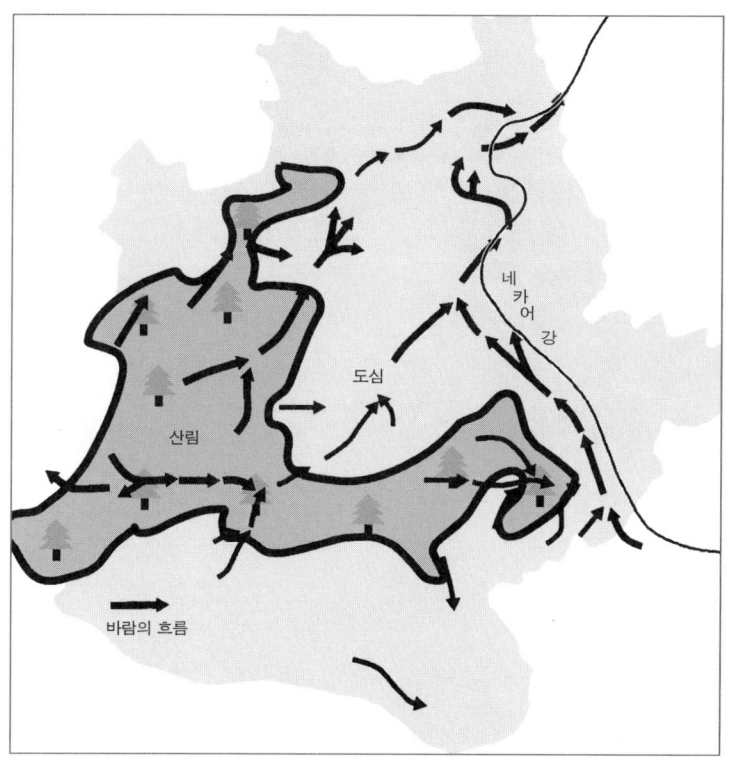

지도 1·7_ '바람 길' 계획도(연한 회색 부분이 토지이용 계획 구역).

시청사를 지나 역의 동쪽에 있는 동물원으로 이어진 길이다. 이러한 주요 바람 길 외에 작은 길거리 단위로도 바람 길이 작성되어 있다. 토지이용 계획도를 보면 시가지를 에워싼 것처럼 숲이 존재하는 것을 알 수 있다(지도 1·7 참조). 이 산림 보전지구는 차가운 공기를 만들어내는 숲으로 규정되어 건축물의 개발을 금지하고 있다. 시가지를 가로질러 남서쪽에서 북서쪽으로

사진 1·8_ '바람 길'의 중앙로.

빠지는 축이 '바람 길'이라는 것은 이 계획도에서도 읽을 수 있다. 또 주택 보전지구는 산림 보전지구와 도심부 사이의 완충지대로 자리매김하여, 바람의 흐름에 지장을 주는 개발을 미리 방지하고 있다.

　실제 시내를 걸어가보면 바람 길에 대한 배려가 여기저기에서 보인다. 구획의 구분은 바람 길의 흐름에 따라 길게 이어져 있고, 그 높이는 5층으로 통일되어 있다. 바람의 통행을 가로막지 않게 건물 높이를 철저히 규제하고 있는 것이다(사진 1·9). 시에서 가장 높은 건물은 중앙역이다. 시가지 안에도 자투리 공원과 같은 녹지가 군데군데 흩어져 있는데, 이런 것들이 바람을 상류에서 모아 하류의 도심으로 유도하는 병목과 같은

사진 1·9_ 도심으로 곧장 이어지는 큰길. 건물 높이를 규제하고 있다.

구실을 하고 있다. 숲과 시가지의 경계에 포도밭이 많이 있는데, 이것도 바람의 흐름을 방해하지 않는 방향으로 포도밭 도랑과 시렁을 배열해 놓고 있다. '바람 길'을 가장 먼저 미국에 소개했던 마이클 하프 씨에 따르면 이 포도밭의 시렁도 직선이어서 풍속을 가속시키는 역할을 하고 있다고 한다.

    길도 계곡의 줄기를 따라 쭉 도심까지 내려가는 곳이 많은데, 이런 공간 구조가 풍속이 약한 지역풍을 아래까지 유도하고 있다. 특히 '바람 길의 중앙로'로 이어지는 가파른 언덕에 있는 주택가의 계단을 내려가면 이 구조가 바람의 유도를 생각하고 있다는 것을 이해할 수 있다(사진 1·10). 계단이 쭉 도심까지 이어져 있기 때문에 전망도 근사하다.

사진 1·10_ '바람 길'의 비탈진 언덕.

바람을 낳은 숲의 '공장'은 시민의 쉼터로

자연의 풍요로움은 도쿄(東京)에서 생활하고 있는 사람한테는 놀랄 만한 것이었다. 경전철로 깔린 교외 철도로 중앙역에서 10분 정도 타고 가면 시를 에워싼 숲 속으로 들어갈 수 있다. 이 숲은 '바람 길'의 바람을 생산하는 '공장'으로 자리매김하고 있는 한편, 도시 인근에 풍부한 녹음을 제공하여 시민들한테 자연과 만나는 기회를 늘려주고 있다(사진 1·11). 이것은 또 그린벨트로서 도시를 단정하게 만드는 효과도 가져온다. 슈투트가르트도 시 외곽으로 발달이 진행되어, 대도시권의 인구는 200만 명이나 되지만 도심은 옛날과 같은 규모를 유지하고 있다.

사진 1·11_ 시를 둘러싼 숲은 시민들의 쉼터가 된다.

이처럼 슈투트가르트 시는 약한 바람 때문에 일어나는 대기오염 문제를 과학적인 실험으로 풀어나갔다. 그리고 숲으로 둘러싸인 녹색이 풍부한 공간, 휴먼 스케일(Human Scale)에 적합한 도시의 쾌적함을 실현하고 있다.

그러나 도시가 교외로 발달해나감에 따라 환경에 대한 짐이 늘어나는 미국형 도시 문제가 나타나고 있다. 75만 3000대의 자동차가 날마다 시내로 유입되는 사태가 일어나는 것이다. 전에는 대기오염의 가장 큰 원인이 공장에서 배출한 연기였지만, 지금은 자동차가 그것을 대신하게 되었다. 최근에 조사한 바로는 자동차가 일산화탄소(CO)와 산화질소(NOx) 배출원의 90% 이상을 차지하고 있다.

이런 사태를 해결하기 위해 슈투트가르트 시는 주변의 다른 시·군·마을과 공동으로 새로운 대도시권 정비 계획을 세우고 있다. 그리고 앞서 실시하고 있는 자동차의 대체 교통수단으로 경전철을 비롯한 공공교통을 정비, 확장하고, 성장 관리적 사고를 도입한 토지이용 계획을 검토하고 있다. 시가 대기오염과 벌이는 전쟁은 아직 현재진행형인 것이다.

확산되는 '슈투트가르트 방식'

시에서는 중앙역 인입선 터의 부지이용 계획인 '슈투트가르트 21'을 1997년에 책정하였다. 그것은 100ha에 이르는 대규모 재개발 계획이다. 그 위치가 바람 길 중심과 마주하고 있고 도심의 미세 기후에 미치는 영향이 커서 '바람의 흐름'에 대해 상세한 검토가 이루어졌다. 시는 바람 흐름의 시뮬레이션과 모델 실험을 몇 번이고 실시한 뒤 계획을 세웠다. 그런 다음 바람 길 중심을 따라 이어지는 개발이 실시되었는데, 밤바람을 재개발 영역으로 끌어들이는 연구를 하고 있다. 바람은 지금도 슈투트가르트 시의 도시계획에서 가장 중요한 항목인 것이다.

'바람 길'로 도시가 다시 숨쉴 수 있도록 하는 '외과수술'의 도시계획이, 사정이 비슷한 다른 도시에서도 시도되고 있다. 환경도시로 알려진 프라이부르크(Freiburg) 시는 현재 수술 전의 진찰을 슈투트가르트 시에 맡겨놓고 있다. 기타 뮌헨 시나 카셀(Kassel) 시에서도 '바람 길' 계획이 검토되고 있다.

일본에서도 분지에 자리잡고 있으며 오염된 대기가 체류하기 쉬운 도시는 이러한 '바람 길' 계획을 검토하고 도시를 숨쉬게 할 필요가 있을지도 모른다. 이것은 도시가 자연의 품에 안겨 있다는 것을 인식시키고 그 쾌적함과 지속성을 높일 수 있는 아주 효과적인 수단인 것이다.

글·사진_ 핫토리 케이로(服部圭朗) / 2001년 3월

불편함을 받아들이는 거리 만들기

_미나마타 시

미나마타(水俣) 시는 세계에서 유례를 찾아볼 수 없는 산업공해병인 '미나마타병'을 경험했다. 그 교훈을 국내와 동남아시아 여러 나라에 전하기 위해 1992년부터 '환경 미나마타상'을 제정하는 등 적극적으로 정보를 내보내고 있다. 미나마타병 문제는 이 고장에서 '거리 만들기'나 환경 행정을 추진하는 데 커다란 원동력이 되었다.

시장이 인증하는 독자 ISO 규격

"아빠, 안 쓰는 방에 불을 켜놓는 건 ISO 위반이야!"

미나마타 시 환경대책과 환경기획실 실장 세키 요이치 씨는 중학교 3학년이 된 아들한테 때때로 이런 말을 듣는다며 웃음짓는다.

여기서 말하는 ISO는 기업이나 자치단체에서 취득한 정식 'ISO(국제표준화규격) 14001'은 아니다. 1999년부터 미나마타 시가 환경교육의 하나로 만든 것으로, 일반 가정에 대해서 제 나름대로 명예 인증을 실시하는 '가정판 ISO'라고 하는 환경지침이다. 진짜 인증은 아니라고 해도 이 인증 제도를 통해 무

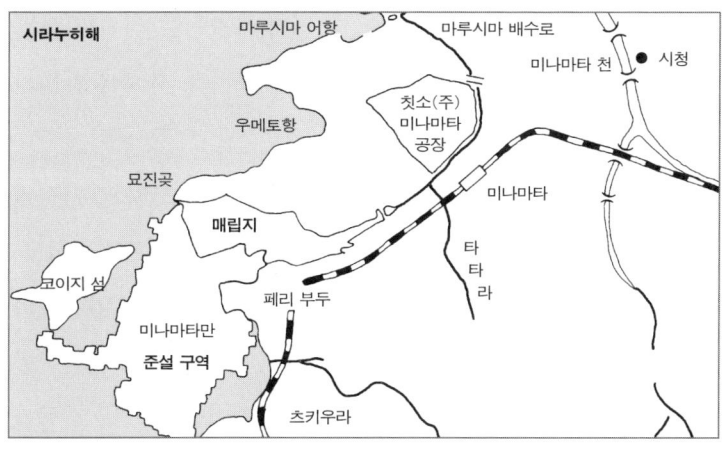

엇보다 어린이들이 에너지 절약, 자원 절약 등 환경의 짐을 더는 일이 얼마나 중요한가를 깨닫게 된다고 한다.

ISO 14001은 이른바 환경경영 시스템으로, 원자재의 조달에서 생산, 판매 등 사업활동의 모든 측면에서 환경에 미치는 영향을 평가, 점검하고 개선해나가기 위한 지침이다. 지금까지 기업이나 자치단체의 환경대책을 계획하는 데 중요한 기능이 되고 있다. 그런데 어떤 계기로 미나마타 시는 '가정판 ISO'를 생각해낸 것일까?

1992년 2월, ISO 14001의 인증을 미나마타 시가 전혀 취득했다는 지역신문의 보도가 나온 무렵, 집에서도 이 인증을 받고 싶은데 어떻게 하면 좋은지 문의가 들어왔다.

"알아보면 ISO 14001의 인증을 가정에서 전혀 취득할 수 없는 것은 아니지만, 비용이 200만 엔씩이나 들고 절차도 복잡합니다. 그래서 '가정판 ISO'라는 독자 규격을 시에서 만들자고 한 것입니다."

세키 씨는 그 발단을 이렇게 설명하였다. 그리고 가정판 ISO 인증 제도를 시에서 내는 신문에 알리고 나니 시민들의 응모가 잇따랐다. 현재 대략 80가구가 인증을 마쳤다. 미나마타 시의 가정판 ISO는 청년회의소와 NPO(비영리 단체)가 심사를 하고, 시장이 인증을 한다. 비록 명예 인증이라고 해도 가정판 ISO의 활동지침을 보면, '계획→실행→평가→조치'라는 ISO 14001의 관리 사이클을 그대로 밟고 있다. 실제로 이 지침에 따라서 활동하면 환경을 보전할 수 있게 되어 있다.

'가정판 ISO'에서는 먼저 각 가정에서 지켜나갈 환경보전의 내용을 선언하는 것으로 시작한다. 그리고 어린이들은 에너지 절약과 자원 절약을 맡아하고, 어머니는 구입 물품에 관련된 일을 하는 식으로, 누가 무엇을 할 것인지 역할을 분담하고 실행한다. 나아가서 이러저러한 성과를 알 수 있도록 기록하고, 그 기록을 보고 새롭게 조치하고 행동하는 것으로 되어 있다. 시에서는 이렇게 인증을 받은 가정이 늘어나면 환경 문제에 대한 이해가 높아지고 구체적인 활동을 추진할 수 있겠다고 생각했다.

'가정판 ISO'에 그치지 않고 시에서는 학교와 상업 시설에도 독자적인 ISO 인증 제도를 확대하고 있다. 벌써 시내 16개 초등학교가 모두 '학교판 ISO'를 취득했고, 미나마타 시 외에도 나가노(長野) 현 이이다(飯田) 시를 시작으로 대략 20개의 자치단체에서 똑같은 지표를 채택하였다. 또 미나마타 시내의 여관 세 곳과 호텔 한 곳이 '여관·호텔판 ISO'를 취득했고, 12개 점포에서 '상점판 ISO'를 인증받았다.

10년 동안 해온 다품목 재활용품 수거

'일반 가정에서도 환경 ISO를 취득하고 싶다'는 반응에서 알 수 있듯이, 환경보전에 대한 미나마타 시민들의 높은 의식은 놀랄 정도이다. 이것을 증명하는 또 하나의 활동이 자원 폐기물의 분리수거다. 겨울철에는 해질녘 4시 30분부터, 여름철에는 5시가 되면, 70가구마다 1개씩 설치된 집하장에 5명의 당번

표 1·1_ 미나마타 시의 폐기물 분류 (23개 품목)

1. 빈 병(회수용)	13. 신문·전단
2. 잡병(투명)	14. 골판지
3. 잡병(옥색)	15. 잡지
4. 잡병(갈색)	16. 기타 종이류
5. 잡병(녹색)	17. 옷감류
6. 잡병(검은색)	18. 대형 쓰레기
7. 유리판	19. 병뚜껑 등
8. 철 깡통	20. 건전지류
9. 알루미늄 깡통	21. 형광등, 전구류
10. 냄비·솥	22. 매립물
11. 페트병	23. 가연성 쓰레기
12. 폐플라스틱류	

사진 1·12_ 재활용 쓰레기 집하장.

이 대기하고 있다. 이들은 각 지역에서 뽑힌 자원봉사자들로, 주민들이 신문과 잡지, 페트병 등을 가져오면 이들 당번이 분류를 도와 1시간 정도면 수거가 다 끝난다.

놀라운 것은 여러 품목의 폐기물 분류를 거의 10년에 걸쳐서 계속하고 있다는 점이다. 1993년에 20개 품목으로 시작했던 분리수거가 지금은 23개 품목이 되었다(표 1·1). 가연성 쓰레기와 매립물을 뺀 재활용품은 현재 19개 품목이며, 병류는 6종류이고, 종이류는 '신문·전단', '골판지'를 비롯해 4종류이다. 이 정도의 품목을 일반 가정에서 분류하는 게 흔한 일은 아니다. 이렇게 해서 모아진 재활용품은 시에서 다음날 아침 수거해간다. 각 집하장에서는 한 달에 한 번 수거를 하지만, 월요일부터 목요일

사진 1·13_ 미나마타 매립지의 기념물. 앞은 시라누히 바다.

사이에 시내 305군데 집하장 중 어느 곳에선가는 수거를 하고 있기 때문에 날마다 이런 광경을 볼 수 있다(사진 1·12).

예전에는 재활용품 수거는 아침 일찍 시작했던 집하장도 있었다. 하지만 회사에 다니는 젊은 사람들이 '아침에 출근하기도 바쁜데 당번은 힘들다'고 하였다. 그래서 여름철에는 오후 7시 30분부터 수거하는 집하장도 아직까지 있다. 야간 수거는 노인들에게는 별로 좋은 소리를 못 듣지만 서로의 처지를 존중하는 선에서 문제를 풀었다. 이렇게 융통성 있게 대응한 것이 10년간이나 다품목 분리수거를 할 수 있게 했던 것이다.

그래도 이것은 주민 차원의 분류 항목에 지나지 않는다. 이를 수거한 뒤 시에서는 다시 80종류 이상으로 구분하여 재생

처리업자에게 넘긴다. 분류가 세세하고 세척 상태도 좋아서 재활용하기 쉽기 때문에 일반 인수 가격의 2~3배를 받고 팔 수가 있다. 판매 이익은 각 집하장의 수거량에 따라 시민들에게 돌려준다. 수거량이 적은 곳은 연간 7~8만 엔, 많은 곳은 연간 60만 엔이나 환불받고 있다고 한다.

재활용품의 수거량도 해마다 증가하고 있다. 1993년에 854톤이었던 수거량은 2000년에는 2150톤이나 되었다. 시내의 쓰레기 발생량이 연간 1만 톤 정도라면 재활용률은 20% 이상인 셈이다. 다품목 분리수거를 오랫동안 지속하는 데는 주민들의 자발적 동기도 높아야 하지만 시의 뒷받침 또한 중요하다. 미나마타 시에서는 독자 규격에 따른 환경 ISO든 이러한 자원 재활용이든 주민과 시가 조화롭게 관계 맺고 있다. 그렇지만, 이처럼 좋은 관계가 하루아침에 형성된 것은 아니다.

칫소 운명공동체 의식과 '모야이 나오시'

중심가에서 남서쪽으로 자동차를 타고 10분쯤 가면 공원과 녹지, 공터로 남아 있는 모래땅으로 이루어진 미나마타 매립지가 펼쳐진다. 58ha에 이르는 이 매립지는 메틸수은으로 오염된 오니(汚泥·걸쭉하게 오염된 흙)를 미나마타만의 오염 지역 209만 m^3에서 퍼올려 묻어놓은 장소다(사진 1·13). 메틸수은은 칫소(チッソ) 미나마타 공장의 햐켄(百間) 배수구에서 흘러나와 미나마타병의 원인이 된 중금속이다. 모래땅 아래에는 합성섬유 시

트로 덮은 151만 m³의 수은 오니가 매립되어 있다. 1977년에 매립 사업을 시작해서 1990년 끝마칠 때까지 대략 485억 엔이라는 거액이 들어갔다.

현재도 조업을 계속하고 있는 칫소 미나마타 공장에 대해서 이 고장 주민들에게 "그만큼 피해를 끼친 기업을 왜 쫓아내지 않느냐?"고 물어보았다. 그러자 "칫소가 없어지면 피해보상을 받을 수 없으니까."라는 대답이 돌아왔다. 미나마타병과 사회 문제를 잘 알고 있는 쿠마모토(熊本) 대학 문학부 교수 마루야마 사다미(丸山定巳) 씨는 칫소의 채무 문제에 대해서 다음과 같이 설명한다.

"미나마타병 환자에 대한 보상금과 미나마타만의 오니 처리 부담금 등이 2000억 엔 이상이어서 칫소는 혼자 힘으로는 경영을 할 수 없게 되어버렸습니다. 오염자 부담 원칙에 따라 문제를 해결하려면 행정당국이 칫소의 경영을 뒷받침해주지 않을 수 없었습니다. 그래서 쿠마모토 현이 채권을 발행해서 그 자금을 칫소에 빌려주는 방식이 계속되었던 것입니다."

2000년 이후에도, 칫소가 제 힘으로 갚을 수 없는 부분에 대해서는 국가가 일반 회계의 보조금과 지방 재정 조치로 해마다 떠맡고 있다. 마루야마 씨는 아이러니하게도 이렇게 칫소가 미나마타에서 사업을 계속하는 한 절대로 망하지 않는 기업이 되어버렸다고 말한다. 지역 주민이 '칫소는 아직도 필요한 존재'라고 말하는 까닭이 여기에 있었다.

마루야마 씨에 따르면, 2차대전 전부터 칫소 기업의 그늘 아래 발전해왔던 미나마타 시에서는 이른바 '칫소 운명공동체 의식'이 뿌리내리고 있었는데, 이러한 의식이 미나마타 피해자를 확산시켰다고 한다. 1956년에 미나마타병이 정식으로 확인된 후에도 칫소 공장의 배수를 중지할 것을 요구하는 어민들과 미나마타병 환자들, 그리고 행정당국과 일반 시민으로 이루어진 '칫소 운명공동체' 사이의 대립은 심각했다. 마루야마 씨는 이렇게 설명한다.

"미나마타병 환자가 피해자라는 것은 사실이지만, 그들을 차별했던 미나마타 시민들도 어느 면에선 피해자였습니다. 미나마타 출신이라는 것만으로 외부에서 편견을 받은 시민들도 적지 않습니다. 이런 피해 경험이 왜곡되어 시민들의 골이 더욱 깊어졌던 것입니다."

1968년에 칫소가 메틸수은을 포함한 오수 배출을 완전히 중지할 때까지 미나마타병 환자들과 이들을 차별하는 시민들 사이의 대립은 더욱 심해졌고, 그 후로도 둘 사이에 대화의 마당이 마련되지 않았다. 매립 사업이 끝난 1990년 3월 이후 미나마타병 문제는 하나의 단락을 짓는 시점을 맞는다. 하지만 그때 시에서는 미나마타병 환자의 신청을 적극적으로 북돋우기보다는 오히려 미나마타 문제를 덮어두려는 쪽에 있었고, 이 때문에 미나마타병 환자와 환자를 옹호하는 시민들은 그들을 차별하는 시민뿐 아니라 행정당국과도 골이 더욱 깊어지게 되었다.

이러한 행정당국의 자세를 개혁하고 처지가 다른 시민 사

이의 알력을 해소하려고 온 힘을 다한 사람이 요시이 마사즈미(吉井正澄) 전 시장이었다. 그는 1994년부터 2002년 2월까지 미나마타 시정을 맡았다. 요시이 씨는 취임 직후인 1994년 5월 미나마타 희생자 위령식에서 역대 시장 가운데 처음으로 과거에 시가 해왔던 미나마타 대책을 반성하고 희생자에 대해 진심으로 사죄하였다. 나아가 미나마타병의 교훈을 되새기는 거리를 만들기 위해서는 시민들의 연대감을 회복하는 '모야이 나오시(もやい直し)'가 필요하다는 것을 호소하였다.

'모야이 나오시'란 비난, 중상, 반목 등으로 어지러워진 사회의 유대감을 되돌리는 것으로, '내면 사회의 재구축'을 뜻한다. 이를 계기로 그동안 시의 요청에 응하지 않았던 미나마타병 환자 연합을 비롯한 여러 환자 단체도 자세를 크게 바꾸었다.

주민 참여 거리 만들기 프로젝트
1994년 7월 '모야이 나오시'라는 이념을 가지고 31명의 시민이 모여 미나마타 21 플랜 시민회의를 결성하였다. 이 단체는 6개월 동안 시에서 공모한 성원들로 이루어졌다. 시에서는 새로운 미나마타 거리 만들기의 축이 될 '제3차 미나마타 시 종합계획'(1996~2005)을 작성하는 데 맞추어 시민의 제언을 모으는 것이 목적이었다. 애초부터 이 모임의 회원이었고 일찍이 21세기 미나마타 시민회의의 부회장으로도 일했던 오리 마리사(小里マ

사진 1·14_ 소시샤.

リサ) 씨는 "의견과 처지가 달랐던 주민들끼리 정책 제언을 비롯해 직접 만나 이야기했던 마당"이라고 설명한다. 오리 씨는 미나마타병 센터 소시샤(相思社. 서로 사랑하는 모임, 미나마타 시 부쿠로 소재)(사진 1·14)에 소속되어 1980년대 후반부터 미나마타병 환자와 가족들의 생활전반에 대한 상담과 해결에 종사해온 사람이다.

"나는 거기에서 거리 만들기에 대해서 처음으로 일반 시민들이랑 공무원들과 이야기를 했습니다. 미나마타병에 대해 처지가 다르다는 것만으로 서로를 멀리하고 부정적인 이미지만을 키워왔다고 느꼈습니다. 처음에는 그 골만 깊어질 것이라고 생각했지만, 차츰 '잘못을 되풀이하지 않는 거리'로 만들어 가자는 점에서는 누구나 같은 생각이라는 것을 알았습니다."

오리 씨는 처음의 심경을 이렇게 회고한다.

주마다 한 번 야간에 열렸던 미나마타 21 플랜 시민회의에서는 처음 수차례 시에 대한 불만이 터져나왔다. 더욱이 참가자끼리 격렬히 맞붙는 일도 생겨났다. 참가자는 칫소 관계자 외에도 미나마타병 환자를 옹호하는 시민과 거꾸로 환자를 멀리하려는 시민으로 구성되어 있었기 때문이다. 모임이 계속될수록 참가자도 줄어들어 마지막까지 남은 사람은 15명이었다. 그래도 어떻든 '잘못을 되풀이하지 않는 거리 만들기'라는 합의를 출발점으로 삼아, 환경, 복지, 건강, 경제, 교육의 관점에 따른 제언서 한 권이 만들어졌다. 1995년 1월의 일이다. 이 책을 편찬하는 데 중심이 된 사람은 오리 씨와 칫소의 젊은 사원 5명이었다.

1995년 3월에는 시민회의에서 이러한 논의과정을 모두 공개하기 위해 '미나마타 꿈의 집합'이라는 이름으로 모임을 열었다. 약 100명의 시민들이 모였는데, 여기에서도 처지가 서로 다른 사람들이 미래의 거리 만들기에 대한 의견을 내놓았다. 오리 씨가 작성한 제언서는 현재 '제3차 미나마타 시 종합계획'에 여러 가지 형태로 반영되고 있다. 그 중에서도 미나마타병이라는 비참한 공해병을 경험한 거리였다는 것, 그리고 이 때문에 환경보전을 가장 먼저 생각하고 '불편함을 받아들이는 거리 만들기'를 지향하려는 이념이 중요하게 자리매김하였다.

불편함을 받아들이는 거리란, 이를테면 '좀 수고스럽더라도 쓰레기 분류를 철저히 하자.'고 권하는 것 등이다. 또 편리성을 추구하고 생활수준을 높이는 것이 때로는 환경에 짐을 지우는 일이기 때문에, 시민 한사람 한사람이 생활양식을 재고해 보면서 환경을 위해 약간의 불편함은 받아들이는 게 어떨까 하는 것이다.

이런 사고방식은 '제3차 미나마타 시 종합계획'의 뼈대가 되는 프로젝트 '에코 미나마타 국제 환경도시 만들기'의 중요한 컨셉이 되었고, 구체적인 내용은 쓰레기 감량과 재활용, 자전거와 보행자 중심의 도로 정비, 에너지를 절약하기 위한 자판기 감축 등이었다. 그 중에서도 쓰레기 감량은 1997년에 16개 그룹의 3500명으로 결성된 쓰레기 여성연락회의가 식품포장용 일회용 접시의 폐지를 둘러싸고 상업 시설들과 맞붙어 직접 교섭을 해나가면서 노력했다.

시내의 슈퍼마켓과 개인 상점을 합쳐 130회나 교섭한 끝에, 쓰레기 여성연락회의는 1999년 9월 시장이 참석한 가운데 상점 네 곳과 협정서를 맺었다. 그 내용은 65개 품목에 이르는 가게 앞에 내놓는 상품의 포장용 접시를 없애는 것이었으며, 2000년 10월에는 이를 95품목까지 확대했다. 이렇듯 새로운 거리 만들기와 환경 문제에 시민과 시민단체가 중심이 되어 적극적으로 활동하고 있다. 어떻든 이러한 시도가 미나마타 시에서 본격적으로 이루어진 것은 처지가 다른 시민들 사이에 해빙이 일어난 1990년대 중반 이후의 일이다.

마이스터 제도와 새로운 산업진흥책

미나마타병과 그것을 일으킨 수질오염은, 어업은 말할 것도 없고 이 고장 특산물이나 농작물 등의 경쟁력을 빼앗아갔다. 공장 폐수는 농산물에 직접 영향을 미치지는 않았지만 생산지가 미나마타라는 것만으로도 이미지가 나빠져서 다른 도·도·부·현(都道府県)의 소비자들에게 먹히질 않았다. 이에 대해 오리 씨는 다음과 같이 말한다.

"예전에는 양파와 차, 감귤류 등의 특산물은 일부러 산지를 숨기고 생산지를 쿠마모토로 바꾸어 출하했습니다. 그런데 요즘 10년 사이에, 환경오염의 공포를 몸으로 체험한 미나마타야말로 정말 안전한 농작물을 생산할 수 있다는 평가를 받고 있습니다. 지금은 무농약이나 농약을 줄인 유기농으로 지은 농산물이 늘어나고 있습니다."

1995년과 1999년의 농산물 생산량을 실제로 비교해보면, 데코폰(デコポン·감귤류) 83%, 양파 54%, 차 25%의 성장을 보이고 있다. 이러한 농작물을 비롯해서 미나마타 상표를 한층 더 뻗어나가게 하려고 1998년 12월부터 시에서는 '환경 마이스터(Meister) 제도'라는 독특한 인정제도를 실시하고 있다.

'마이스터'란 독일말로 한 분야의 최고 실력자란 뜻이다. 이 제도는, 자연 소재를 이용하고 화학 물질을 제거하는 것과 같이 환경을 배려한 물건을 직접 다루는 농업종사자와 전통상품 기능보유자를 시에서 인정하고 그 상품을 특산품으로 홍보하는 것이다. 인정 심사는 환경과 건강을 배려한 물건을 5년 이상 만들어온 것 등을 기준으로 삼는다.

　　1998년에는 차, 감귤류, 채소, 쌀, 달걀 생산자 등 9명이 환경 마이스터로 인정받았다. 그 후 2001년까지 환경과 건강을 배려한 다다미 생산자를 비롯해 14명이 인정을 받아, 현재 환경 마이스터는 모두 23명이다. 이런 독자적인 인정 제도로 시에서는 농업을 비롯한 생산 활동의 활성화에 더욱더 애쓰고 있다.

　　한편, 2001년 이후 새로운 산업진흥책으로서 시에서 관심을 가지고 있는 것은 에코 타운(Eco-town)의 구상이다. 2001년 2월 미나마타 시는 쿠마모토 현과 함께 전국 13번째 에코 타운으로 나라에서 인정받았다. 이와 함께 중심가 북부의 시오하마(塩浜) 지구에 약 20ha의 종합 재활용 센터를 개설하고 환경 사업을 유치하려 하고 있다. 2002년 7월에 이 센터에 입주하기로 시와 협정을 맺은 기업은 5개나 된다. 이들은 유리병을 재사용, 재활용하는 기업과 가전, 폐식용유 등을 재활용하는 기업이다. 다음은 미나마타 시 환경기획실 세키 씨의 말이다.

　　"어디까지나 시에서 분리수거한 재활용품을 시에서 재활용하기 위해 유치하는 것입니다. 이런 재활용 관련 산업을 한 곳에 모음으로써 폐기물이 나오지 않는 제로 에미션(Zero Emission)형 거리를 만들고 싶습니다."

　　나라에서 에코 타운으로 인정받음으로써, 이 센터에 입주하는 기업은 건물에 대해서는 2분의 1까지 나라에서 보조를 받을 수가 있다. 또, 고정 자산세를 면제받는 세제 우대 조치나 시에서 보조를 받는 등의 이점이 있기 때문에 입주를 희망하는 기업이 적지 않다. 그러나 기업이 입주하기 위해 시와 맺는 협정은 기업 쪽에서도 꽤나 어려운 내용이다.

먼저, 입주를 희망하는 기업은 ISO 14001의 인증을 취득해야 한다. 더구나 조업 후 배수를 비롯한 공해 측정치를 의무적으로 공개해야 한다. 그리고 시가 참관한 가운데 시민들이 기업을 조사할 수 있는 조항도 있다. 이처럼 시민들이 기업을 늘 감시할 수 있도록 되어 있어서 시정에서도 미나마타병의 교훈을 살리고 있다.

20년 후를 내다보는 도시계획

2002년 3월에 열린 '미나마타 시 도시계획 마스터 플랜 제2차 책정위원회'에서는 20년 후 미나마타를 '숨쉬는 도시'로 만든다는 계획을 세웠다.

"자연환경의 바퀴, 공동체의 바퀴, 사람과 사람의 바퀴가 서로 연결되어 호흡하는 것, 여기서부터 미나마타의 자연과 사람의 삶이 융합하는 것이 아닐까 생각하고 있습니다."

이렇게 설명하는 사람은 미나마타 시 산업건설부 도시정책과 참사인 카키모토 히데유키(柿本英行) 씨다. 미나마타 자연환경의 특징은 미나마타천의 상류에서 하구까지 하나의 수계(水系)로 이어져 있다는 점이다(사진 1·15). 상류에서 일어나는 환경 파괴는 하류에 커다란 영향을 미친다. 이 때문에 시가지 구역과 농어촌과 산촌을 연계하여 자연환경의 바퀴를 연결하

사진 1·15_ 미나마타천.

지 않으면 안 된다.

    시내는 26개의 행정구와 그것을 한데 묶는 6개의 지구(Zone)로 되어 있다. 미나마타천의 동쪽 기슭과 서쪽 기슭에 있는 두 개의 시가 지역, 과수 재배와 어업을 중심으로 한 '부쿠로(袋)·남부 지역', 사무카와(寒川) 수원(水源)과 오오카와(大川) 자연림 등 풍부한 자연의 혜택을 받은 '쿠기노(久木野) 지역', 유기 농법을 중심으로 한 '동부 지역', 유노츠루(湯の鶴) 온천이 있는 '유슈츠(湯出)·모카와(茂川)·나가사키(長崎) 지역'이다. 시내 전체 면적은 약 163km²인데 산림이 75%를 차지하고 있고 평탄한 토지가 적어, 겨우 전체 면적의 2.9%인 시가지에 인구의 절반 정도가 집중해 있다. 이 때문에 산간지역에서는 농림업의 후계자 부족 등 과소화(過疎化), 노령화가 진행되고 있다. "특히, 산간지역에서 모여 사는 것을 장려하고 공동체가 붕괴되는 것을 막지 않으면 안된다."고 카키모토 씨는 도시계획의 방향성을 지적한다. 곁에서 돌봐주는 등 효율성 있는 행정 서비스를 위해서도 공동체는 반드시 유지되어야 하는 것이다. 더욱이 6개 지구의 독자성을 살려나가면서 공동체끼리 서로 연결할 필요가 있다.

시민단체의 노력으로는 다른 지방에서 오는 여행자를 위한 '환경 에코 투어'와, 머물며 자연과 접촉하는 여가 활동인 '그린 투어리즘'이 있다. 산업공해의 상흔을 남긴 시가지와 풍요로운 자연을 길러내는 산간지역이 공존하는 미나마타는 환경교육에 알맞은 장소이고, 여행자에 대한 대응으로 공동체의 자발적인 연계도 계속 주선하고 있다.

'미나마타 문제'를 겪었기 때문에 오늘날과 같이 시민끼리, 그리고 시민과 행정당국 사이에 긴밀한 네트워크가 길러졌다고 해도 지나친 말은 아니다. 20년 후의 미나마타는 자녀는 줄어들고 점점 노령화되어 인구는 현재의 3만 1000명에서 2만 8000명 정도로 감소할 것으로 예상하고 있다. 그와 함께 미나마타병을 직접 체험하지 않은 세대도 늘어날 것이다. 그런 가운데 환경 모델 도시라는 컨셉으로 시민의 에너지를 어떻게 통합할 것인가가 도시정책의 커다란 과제이다.

글·사진_ 키마타 아키라(木全晃)(신규취재)

시민의 참여로 환경도시를 지향한다

_이타바시 구

1999년 2월 이타바시(板橋) 구는 도쿄의 자치단체 가운데 처음으로 환경경영의 국제규격 'ISO 14001'의 인증을 취득했다. 도쿄 23구의 북서부에 자리잡고 있는 이타바시 구는 고도성장기에 많은 공장이 들어서고 대형 고층단지가 조성되었던 지역이다. 일찍이 녹음이 우거졌던 무사시노(武藏野) 구릉지에 콘크리트 빌딩들과 간선도로가 겹겹이 만나는 광경이, 이 지역의 '발전의 양상'을 말해주는 듯하다.

경제가 모든 것에 앞서던 시대가 끝난 지금, 이타바시 구에서는 다음 세대를 여는 노력으로서 '환경 행정'에 힘을 쏟고 있다. 수도 도쿄의 특별자치단체라는 틀 속에서도, 가까운 곳에서부터 효율성 있는 시책을 찾는 이타바시 구의 움직임을 따라가보았다.

대기오염도가 전국 상위권에 드는 야마토초 교차로

국도(國道), 나카야마미치(中山道)와 도도(都道), 순환 7호선이 교차하고 그 위로 수도고속도로가 달리는 '야마토초(大和町) 교차로'는, 하루 교통량이 24만 대에 이르고 대기오염 수치가

사진 1·16_ 야마토초 교차로.

전국에서 늘 '워스트(Worst) 5'에 든다는 이타바시 구의 '명소'다(사진 1·16). 이 불명예스런 수치는 교차로가 바람이 통하기 어려운 구조이고, 더욱이 대형 차량의 통행이 엄청나게 많은 것이 원인이다. 실제로 야마토초 교차로에 서서 차량의 흐름을 보고 있으면 10분도 안 되어 속이 안 좋아진다.

 야마토초 교차로는 '에코 폴리스(Eco-police) 이타바시!'라는 구호를 내걸고 환경 행정에 노력하는 이타바시 구의 역설적인 심볼이라고도 할 수 있다. 편도 3차선의 대형도로가 주택가를 가로지르는 광경은, 1960년대에서 1970년대에 걸친 전후 일본의 고도 경제성장을 상징하는 것이지만, 동시에 대기오염, 소음, 진동을 비롯한 생활환경의 심각한 악화를 사람들에게 강요한 것이기도 하였다.

"이타바시 구에서도 그 시기에 공장 공해도 아주 심하고, '야마토초 교차로'의 대기오염이나 공장 폐수 문제도 심각해 행정당국이 노력하지 않을 수 없는 상황이었습니다. 그것이 현재 환경보전 시책의 출발점입니다."

구청 환경보전과 모리 요시코(森由子) 과장의 말이다. 구에서는 1960년대 말 '공해과'를 설치하여 공해 문제를 규제, 지도하는 것으로 대응했다. 그러다가 '공해 규제가 아니라 환경보전'으로 방향을 바꾼 것은 1980년대 말의 일이다.

"규제와 지도를 할 때에는 결국 나빠진 환경을 현상유지 하는 정도의 효과밖에 볼 수가 없습니다. 그래서 개발을 전제로 한 규제가 아니라, 인간에게 쾌적한 환경을 어떻게 하면 지킬 수 있는가를 더 중요하게 생각하게 된 것입니다." 하고 모리 과장은 말한다.

그렇다고 하더라도 도쿄 도(都) 23구 같은 특별자치단체는 시·정·촌과는 달리 자리매김되어 있고, 도와 구의 역할 분담도 실현하기 어렵다는 문제가 있다. 사실 야마토초 교차로는 도로를 관리하는 주체가 국가, 도, 도로공단, 이렇게 셋으로 나누어져 있으며, 이타바시 구는 직접 관리할 권한이 없다. 이런 어려움을 극복하기 위해 이타바시 구는 대기오염 억제장치를 개발, 실험하고 저공해 자동차를 도입하는 데 보조하는 등 남다른 노력을 하고 있다.

환경도시로의 첫걸음으로 구에서 저공해 자동차 도입 촉진

이를테면, 1998년부터 야마토초 교차로에서 시작했던 'NOx(녹스) 제거 실험'이 있다. NOx는 대기오염의 주요 원인인 이산화질소 등의 질소산화물을 가리킨다.

이타바시 구에서는 도로 공해에 관한 규제를 강화해줄 것을 국가와 관계당국에 요구하기 위해서, 간선도로를 중심으로 소음, 진동, 대기오염도를 조사해서 계속 발표해왔다. 그러나 이것만으로는 도무지 현상을 완화시킬 수가 없었다. 이럴 때가 현대의 공업 기술이 나올 차례인 것이다. 배기가스로 까맣게 오염되어 한쪽에 늘어서 있는, 언뜻 봐서도 잘 알 수 없는 수많은 장치들이 미츠비시 머티어리얼(三菱マテリアル), 마츠시타 전기산업(松下電器産業) 등 8개 기업이 설치한 실험 설비이다. 'Nox 제거 실험'은 광촉매나 토양 등에 따른 대기오염 물질 억제의 실효성을 연구하는 것이다. 건설성과 도로공단도 참여하는 이 실험에서는 측정치를 정기적으로 발표하고, 비용과 오염 제거율의 균형을 맞춰가면서 장치를 일반화할 생각이다.

한편, 교통량이 많은 도심에서는 배기가스의 규제와 함께 저공해 자동차를 널리 보급하는 것도 필수 과제이다. 이타바시 구에서는 벌써 1990년부터 저공해 자동차 도입에 대한 보조금 제도를 실시하였다. 이 제도는 관내의 사업자에 대해 가솔린 차, 디젤 차를 비롯한 일반 자동차와 전기 자동차, 천연가스 차와 같은 저공해 자동차의 가격 차이를 보조, 지원하는 것이다. 아울러 급속 충전과 천연가스를 비롯한 저공해 자동차용 에너지 충전소

사진 1·17_ 천연가스 전용 연료공급대. 구청 공용차도 저공해 차로 차례차례 바꾸고 있다.

를 설치하여 인프라의 구축도 추진하고 있다(사진 1·17). 현재 관내의 저공해 자동차는 175대로, 이 가운데 61대가 구의 지원을 받은 것인데 아직 홍보 단계이다.

재활용 시스템에 경제적인 메리트를 담아

이러한 시책은, 도로 공해의 현황으로 보면 어쨌거나 모두 다 코끼리한테 대항하려는 개미의 한 걸음 같은 규모이다. 그래도, 맨 처음 한 걸음을 내딛지 않으면 미래의 문은 열리지 않는다.

"곧바로 효과가 드러나지 않더라도 노력하는 것을 중요하게 생각한다. 그리고 가능한 목표를 어느 정도 세워놓고 기록을 남겨둔다."고 구청 환경보전과에서는 말한다.

도쿄의 자치단체 가운데 가장 먼저 ISO 14001을 취득한 것도 환경에 대한 기본 자세를 보여준다. 이런 시행착오를 거쳐 얻어낸 환경관리의 노하우는 ISO를 취득하려는 관내의 사업자에게 다양한 정보를 제공해준다. "구민과 관공서의 이원적인 연결만이 아니라 사업자와 사업자의 연계도 환경도시를 만드는 데 빠뜨릴 수 없는 부분"이라고 생각하기 때문이다.

이와 관련하여 재미있는 일이 있다. 바로 '이타바시 구 오피스 리사이클 시스템(Office Recycle System)'이다. 이타바시 구에서는 도로 공해 대책과 함께, 도쿄 도 23구에서 최초로 '리사이클 조례'를 실시하는 등 일찍부터 재활용에 대한 노력을 추진해왔다. 이제 쓰레기 분리 재활용은 전국 어느 가정에서나 당연한 일이 되었다. 하지만 이타바시 구에서는 가정뿐만 아니라 상점과 사무실로 재활용을 한층 더 확대하고 있다.

도쿄의 쓰레기 문제는 사무자동화가 이루어지고 있는 사업체의 종이 쓰레기 때문에 해마다 심각한 상황에 빠져 있다. 이것을 완화하는 대책으로 종이의 분리수거와 재활용이 필수지만, 재활용 루트가 세워져 있는 사업체가 적다. 이타바시 구의 방식은 사업장에서 종이 쓰레기를 4종류로 나누어 각각 지정 봉투에 담아 수거업자에게 내보내는 구조이다. 이에 드는 경비는 구가 지정한 봉투 값으로, 약 20kg짜리 봉투 하나가 180엔이다. 도쿄 도에 사업 폐기물로 내보내는 경우와 일반 폐지 수거로 내놓는 경우를 비교했을 때, 구의 재활용 시스템 쪽이 절반 정도

의 비용으로 처리된다고 한다. 이 시스템에 참가하고 있는 부동산 개발 회사 '리브란(リブラン)'에서는 "예전보다 쓰레기 처리 비용이 줄어든 것 같다. 그래서 직원들도 쓰레기를 분리하는 습관이 자연스럽게 몸에 배었다."며, 경제적인 면과 행동의식 양쪽에서 효용성이 있음을 지적한다. 에콜로지를 실현하려면 쓰고 버리는 소비에 길들여진 생활방식을 바꾸는 방법밖에 없다.

"무슨 일이든 경제적인 이득이 뒤따르면 결과도 좋아지는 게 아닌가 생각한다."고 구청 재활용 추진과장 하시모토 가즈히로(橋本一裕) 씨는 말한다.

에코 폴리스 센터

이러한 이타바시 구의 일련의 환경 행정 거점으로 1995년에 마에노(前野) 정에 세운 건물이 '에코 폴리스 센터(Eco-police Centre)'다(사진 1·18). 이 건물은 지하 2층, 지상 3층으로 되어 있다. 여기에서는 환경교육을 하고 환경정보를 모으며, 구민들이 자유롭게 이용할 수 있게 했다. 더욱이 이곳에는 고령자들의 쉼터인 '마에노 휴식의 집(前野いこいの家)'과 구청의 구민문화부 출장소가 있어 지역주민들에게 좀더 가깝게 다가설 수 있게 되었다. 환경정보자료실과 워드프로세서, 인쇄기를 설치한 커뮤니티 코너 등의 시설은 무료로 이용할 수 있다.

센터는 건물 자체도 2중벽에다 자연광이 들어오는 천장, 태양열과 빗물을 이용한 시스템 등 실험적인 구조로 되어 있

사진 1·18_ 에코 폴리스 센터.

다. 그러나 구민에게 더 친숙한 부분은 센터에서 개최하는 여러 강좌와 워크숍 등 '소프트웨어' 쪽이다. 생태 강좌, 재활용 강좌, 어린이 환경교실 등 여러 가지 환경교육은 절대 높은 수준이 아니다. 이를테면 생태 강좌에서는 구의 직원이나 NGO의 멤버들이 강사가 되어 물, 녹색, 에너지, 쓰레기 등에 대해서 함께 생각한다. 강좌 과목에는 강의뿐만이 아니라 '나무의 건강진단', '에코 쿠킹(Eco-cooking)', '우리 집 생활방식 체크'와 같은 실습형 과목이 짜여져 있다.

주말에 센터가 개최하는 '넥타이 재활용 강좌'는 정원 20명이 금방 차버리는 인기 있는 강좌로, 재봉틀이 마련된 방에서 구형 넥타이를 가지고 돈주머니를 만들며 즐겁게 이야기하

사진 1·19_ 넥타이를 주머니로 재활용하는 강좌가 인기 있다.

는 사람들의 모습을 볼 수 있다(사진 1·19).

에코 폴리스 센터에서 무엇보다 힘을 기울이는 것이 인터넷으로 관내 초등학교의 네트워크 만들기이다. 관내의 학생들이 이 네트워크를 이용하면 이타바시 구와 에코 폴리스 센터의 환경정보를 비롯하여 다른 학교의 정보를 손쉽게 얻을 수 있다.

학교에 나무를 심어 환경 의식을 기른다

서구의 환경 선진지역의 예를 들 것도 없이 환경에 대한 의식은 감수성이 풍부한 어린 시절이 중요함이 사실이다. 이타바시 구에서도 '에코 폴리스 이타바시'의 추진과 함께 교육현장의

사진 1·20_ 가나자와 초등학교에는 2000그루의 나무가 심어져 있다.

노력을 중시해왔다. 그 좋은 예가 1997년에 환경청에서 주는 환경교육상을 수상한 구립 가나자와(金沢) 초등학교의 환경학습이다.

도심의 큰 터미널 이케부쿠로(池袋) 역에서 북쪽으로 약 3km 떨어진 주택가에 자리잡고 있는 가나자와 초등학교에는 전교생이 보물로 여기는 2000그루의 나무가 있다(사진 1·20). 나무 종류는 가로수 수형의 단풍나무, 벚나무를 비롯해서 감나무, 밤나무, 살구나무, 여름 밀감나무, 모과나무, 키위나무 등이다. 이 나무들은 10년 전쯤 이타바시 구가 관내에 녹지를 늘리려고 심은 것이다. 이 학교에서는, 이를테면 1학년은 '은행나무와 비파나무'라고 정해놓듯이, 1학년부터 6학년까지 학년

1. 되살아난 공해도시 **067**

마다 상징 나무 두 가지를 정하고 학생들이 1년 동안 그 상징 나무와 함께할 수 있는 프로그램을 만들어 실천하고 있다. 나무의 모양을 그림으로 그리거나 비료를 주고 낙엽을 모으는 일을 하면서 학생들은 나무가 싹트고, 꽃피고, 마침내 열매를 맺고, 낙엽이 지는 자연의 변화를 오감으로 느끼게 된다. 그중에서도 가장 즐거운 일은 학생, 교사, 학부모, 그리고 동네 주민들이 참가하는 '가을 수확 축제'이다. 학교에서 수확한 여러 과일은 잼과 주스가 되어 여러 사람을 즐겁게 한다.

"환경교육이 대단한 것은 아닙니다. 나무를 만져보고, 길러보고, 먹어보고 하는 거지요. 중요한 건 어른들과 어린이가 함께 즐긴다는 것입니다. 이것만으로도 모두의 의식에는 커다란 변화가 일어났습니다."

이 일을 맡아 진행하고 있는 사쿠라이 마사미(桜井正美) 교사의 말이다. 다카야마 아츠코(高山厚子) 교장도 흐뭇한 웃음을 지으며 말한다.

"6년 동안 나무와 가까이 지내는 것만으로도 아이들은 넉넉한 마음을 기를 수 있을 것입니다. 그리고 이런 작은 활동을 통해서 지구온난화나 다이옥신과 같은 큰 문제에도 관심을 가질 수 있지요. 실제로 우리 학교 학생들은 쓰레기를 분리수거 하거나 재활용하는 데 스스로 나서서 실천하고 있습니다."

가나자와 초등학교는 요즘 유행하는 생태적 건물을 가진 것도 아니고 그저 평범한 초등학교이다. 그렇지만 이처럼 일상생활에서 감수성을 기르는 것이야말로 에콜로지를 뿌리내리는 일이라고 할 수 있을 것이다.

흙의 연못을 되살리다

'에코 폴리스 이타바시'에서 마지막으로 돌아본 곳은 구의 북서쪽에 있는 아카츠카 다메이케(赤塚溜池) 공원이다. 야마토초 교차로에서 나카야마미치를 따라 올라가다 중간에 지역 간선도로 서쪽으로 가면 왼쪽에 눈이 번쩍 뜨일 정도의 녹색 벨트 지대가 등장한다. 같은 이타바시 구라고는 생각할 수 없을 만큼 환상적인 곳이다. 이곳은 예전부터 무사시노 구릉의 잡목림 지대였다. 이 아름다움이야말로 본래부터 이타바시 구가 갖고 있던 자연 풍광이다.

아카츠카 다메이케 공원에는 무사시노 구릉 아래에서 솟아나는 수많은 용천수 가운데 하나가 흐르고 있다. 이타바시 구에서는 이 공원 안에 있는 용천수를 구민들과 물가의 정취를 이어주는 상징으로 삼고, 1999년 3월 주민이 참여한 가운데 연못 정비에 나선다.

정비 사업에 앞서서 1998년부터 7차례에 걸쳐서 지역주민과 자연보호단체, 구의 담당자들로 이루어진 사업계획 검토 모임을 개최하였다. 이 모임에서는 연못의 콘크리트를 뜯어내고 흙으로 된 연못으로 되돌린 다음, 거기에 용천수를 끌어오는 안이 결정되었다. 3월 말쯤 주말에 자원봉사자들이 모여 연못에 진흙을 바르고 수초를 심었다. 검토 단계부터 꾸준히 참여한 미소노(三園) 1동 회장 스즈키 노부코(鈴木信子) 씨는 지금도 이따금 연못 공원을 방문한다.

"100명이 넘는 사람들이 연못 만들기에 참여했습니다. 그 중에는 84세의 할머니를 비롯해 세타가야(世田谷) 구에서 장화를 들고 찾아온 사람도 있었습니다. 우리들은 환경보호를 위해 무슨 일이든 하고 싶었지만 어떤 일부터 시작해야 할지 몰랐습니다. 그럴 때 관에서 문제 제기를 잘해주었다고 생각합니다."

스즈키 씨는 이렇게 주민과 행정당국의 연계를 평가한다. 이렇게 해서 이곳은 관내의 명소가 되었으며, 환경을 보전하려는 노력도 계속 이루어지고 있다. 이런 일은 작은 한 걸음에 지나지 않지만, 오히려 도심 한가운데라는 특성을 살린 연구와 발상에서 보편적인 에콜로지로 넓혀갈 수 있다는 생각을 새롭게 해본다.

글_ 아오노 유미(淸野由美) / 사진_ 도쿠다 히로시(德田洋) / 1999년 7월

산·학·관·민이 협동하여 환경산업 진흥

_키타큐슈 시

키타큐슈(北九州) 시는 1960년대 일본에서 대기오염과 매연, 분진이 최악이라는 불명예를 안았다. 하지만 행정당국과 민간기업이 대화를 시작하고 비용을 부담하여 오염된 대기와 물을 회복하였다. 이렇게 '마이너스 유산'을 '플러스 유산'으로 전환시키려고 1990년대 후반부터 국가를 끌어들여 환경산업의 진흥에 도전하고 있다.

일본 최고의 강하매진량을 기록

나이가 지긋한 중년 여성이 키타큐슈 시 코쿠라(小倉) 북구의 중심가를 남북으로 흐르는 무라사키(紫)천을 바라보며 미소를 짓는다. 다가가서 "깨끗한 강이네요." 하고 말을 걸자 그 여성은 다음과 같이 대답한다. "내가 어렸을 때 이 강은 지독한 악취 때문에 코를 막지 않고는 건널 수가 없었습니다."

중년 여성의 설명에 따르면 어린애들에게 겁을 줄 때 "무라사키 천에 집어넣을 거야!" 하고 말하는 게 가장 무서운 말이었다고 한다. 그만큼 무라사키천은 오염으로 갈 데까지 간 곳이었다. 현재 하천변에는 물 환경관이 세워져 있고(사진 1·21), 환경

사진 1·21_ 물 환경관. 앞은 무라사키천이다.

관 안에서 무라사키 하천 속을 관찰할 수도 있다. 실제로, 눈으로 보아서는 예전의 오염된 상태를 상상할 수 없다.

이 하천의 복구 사업은 1969년에 시작하여 10년에 걸쳐 2만 5000m³의 오니가 제거되었다. 현재는 강기슭에도 생물이 서식하기 쉽게 특수한 정비를 하고 있는데, 2005년쯤 모두 마무리할 예정이다. 무라사키천의 복구에서 볼 수 있는 것처럼 키타큐슈 시는 공해를 극복한 경험을 가진 도시다. 이곳은 2차 세계대전 후 고도성장기에 철강, 시멘트, 기계, 화학을 비롯해 주로 중화학공업으로 번창했던 곳이다. 그래서 1960년대에는 심각한 대기오염으로 일본에서는 맨 처음으로 광화학스모그 경보가 발령되었으며, 일본 최고의 강하매진량(降下煤塵量)을 기록

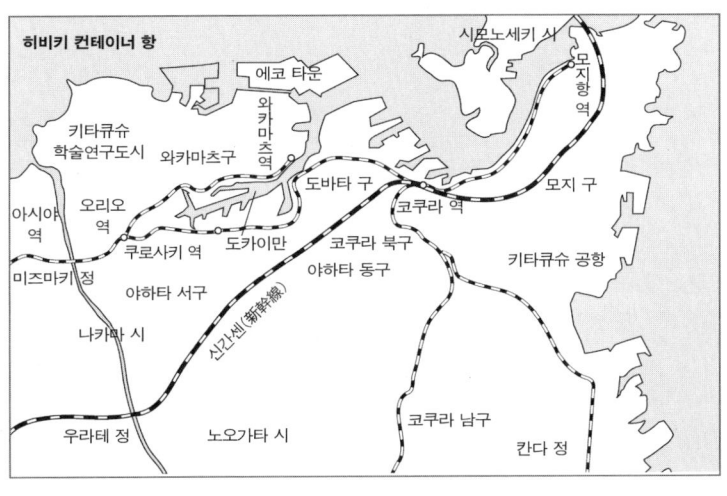

하는 등, 공해의 대표 지역이라는 오명을 뒤집어썼다. 예를 들면 그 당시 야하타(八幡) 구 시로야마(城山) 지구에서는 1km² 당 한 달에 최대 108톤이나 매연과 분진이 내렸다. 또, 공장 폐수로 오염된 도카이(洞海)만은 어패류가 죽는 것은 물론이고 바닷물에 빠진 선원도 유해 물질로 목숨을 잃는 '죽음의 바다'였다.

이 시기에 닛테츠 화학(日鉄化學), 오다노(小田野) 시멘트, 니뽄(日本) 시멘트, 야하타 화학공업 같은 기업과 주민들 사이에 공해 분쟁이 일어났다. 하지만 행정당국의 중재로 화해할 수 있었다. 기업과 주민이 날카롭게 대립하는 공해 문제가 키타큐슈 시에서는 공해 소송까지 가지 않았던 데는 나름대로 까

사진 1·22_ 도카이만. 다리는 와카토 대교이다.

닭이 있다. 대부분의 주민들이 공해를 배출하는 기업에 근무하고 있었기 때문이다. 다시 말해 피해자와 가해자가 한 집안에 동거하고 있는 셈이다. 이 분쟁을 해결한 데 대해서 키타큐슈 시 환경국 총무부 계획과장 마쓰오카 토시카즈(松岡俊和) 씨는 이렇게 설명한다.

"공해 문제를 해결하는 데 가장 중요한 것은 행정당국과 기업이 협의회를 설치하고 구체적인 대책을 서로 논의하면서 복구비를 같이 부담하는 것입니다."

1972년 '유황산화물에 관한 공해 방지 협정'을 행정당국과 47개 회사의 54개 공장이 체결하여 공해가 발생한 다른 도시에서는 볼 수 없는 연대를 이룬다. 산업계와 행정당국의 이러한 공해

대책은 그 후에 '키타큐슈식'이라고 하게 되었다.

1972년부터 1991년까지 20년 사이에 대기오염 방지를 비롯한 공해대책 비용으로 모두 8043억 엔이 들었다. 이 가운데 행정당국이 68.6%, 민간기업이 31.4%를 부담하였다. 이러한 대책이 결실을 맺어 1987년에는 '별 총총한 거리'로 환경청에서 표창을 받기도 하였고, '죽음의 바다'이던 도카이만에서는 110종이 넘는 어패류가 확인될 정도로 물과 대기 환경이 회복되었다(사진 1·22).

해외 도시와 환경 협력 추진

1980년대에는 공해를 극복한 기술을 해외에 전승함으로써 '마이너스 유산'을 활용하기 시작했다. 핵심적인 역할을 맡은 곳은 키타큐슈 국제기술협력협회(KITA, 1980년 설립), 국제협력사업단(JICA), 큐슈 국제센터(1989년 설립) 등이다.

그 중에서도 KITA는 이 지역 500개 기업과 키타큐슈 시, 후쿠오카 현이 출자하여 설립한 것으로, 주로 공해대책에 관한 기술 제공을 담당해왔다. 그리고 개발도상국에서 연수생을 받아들이거나 일본에서 전문가를 파견하는 일을 하기도 했다.

연수생을 받아들이는 통로는 이 지역 200개 기업과 대학 등이었다. 이런 단체를 통해 시에서는 지금까지 아시아 지역을 중심으로 142개국에서 3158명의 연수생을 받아들였다(2000년 3월 현재). 또, 26개국에 200명 이상의 전문가를 파견하고 있다. 기술 제공의 핵심은, 에너지 효율과 생산 효율을 높이면서 환경 부하를 줄이는 '크리너 프로덕션(Cleaner Production)'이라는 생산 관리 시스템이다. 이것은 공해를 극복하는 과정에서 생겨난 것이다. 이런 사업에 대해 마츠오카 씨는 다음과 같이 말한다.

"단순히 앉아서 하는 학문이 아니라 전문가한테 배우는 현장 연수가 특징입니다. 자매도시인 중국 다롄(大連) 시에도 전문가를 파견하고 공해 방지 기술을 제공하는 데 힘을 기울이고 있습니다."

다롄 시의 환경 협력 프로젝트는, 1993년 애초에는 KITA와 중국 정부 사이에서 검토되었던 것이다. 그런데 나중에 중국 정부가 다롄 시를 '환경 모델 지구'로 정하자, 다롄에서 다시금 키타큐슈에 기술 제공을 신청해온 것이다.

그러나 두 도시에서 검토한 환경 모델 지구의 사업 내용은 무척 광범위했으며, 거액의 비용이 필요했다. 그래서 키타큐슈 시는 일본 정부에 엔(円) 차관을 포함한 정부간협력(ODA)을 제청하고 프로젝트를 추진하였다. 2000년에 일본 정부에서는 다롄 시 '환경 모델 지구'의 건설 사업비에 대한 엔 차관 제공을 결정하였다. 나아가 제2, 제3의 환경 모델 도시를 중국에서 지정하면 이들에게 일본의 기술과 자본을 집중 제공하는 구상도 가지고 있다. 국가가 앞장서고 지방자치단체가 동조하는 지금까지의 해외 협력 양상을 뒤엎고, 키타큐슈 시의 리더십 아래 지방이 앞장서는 국제 환경 협력이 실현되었다.

국내 16개 '에코 타운'의 제1호

1970년대 오일쇼크 후, 시의 기간산업인 중화학공업은 서서히 그늘을 보였다. 시에서는 새로운 중후장대(重厚長大)형 산업의 유치를 내다보고 와카마츠(若松) 구 히비키나다(響灘)에 2000ha에 이르는 공업용 매립지를 확보하고 있었지만, 거품 경제가 무너진 뒤 토지 활용에 길이 막혀 있었다.

1992년 브라질의 리우데자네이루(Rio de Janeiro) 시에서 열린 '환경과 개발에 관한 유엔 회의(지구환경회의)'에서 키타큐슈 시는 일본의 자치단체 가운데 처음으로 '유엔 지방자치단체상'을 받았다. '죽음의 바다'를 복구하고 1980년대부터 해외에 공해 방지 기술을 적극적으로 제공한 일에 대한 평가였다.

현지에서 상을 받은 스에요시 코이치(末吉興一) 키타큐슈 시장은 환경보전이라는 세계의 움직임을 알아채고, 종래의 중후장대형 산업 노선의 토지 활용에서 대담하게 방향을 바꾸었다. 그 결과 히비키나다에서 새로운 환경산업이 육성되었다.

100만 명에 이르는 인구가 쏟아내는 키타큐슈 시의 일반 폐기물과 기업의 사업장에서 배출하는 일반 폐기물, 산업 폐기물의 재활용은 말할 것도 없고, 다른 자치단체나 기업에서까지 널리 폐기물을 받아들여 그 처리 대가로 일대 산업을 일으키려고 생각한 것이다.

1990년대 중반, 재활용 산업을 중심으로 한 '히비키나다 개발 기본 계획'이 세워짐과 동시에 시에서는 당시의 통산성과 환경청에 환경산업 육성을 적극적으로 타진하였다. 그즈음 국가에서도 순환형 사회를 구상하고 있었고 그 구체적인 시책이 '에코 타운(Eco-town) 사업'이었다. 1997년 7월, 시에서는 국가로부터 '키타큐슈 에코 타운' 승인을 받아 일본에서 최초로 에코 타운 사업을 시작하게 된다.

에코 타운 사업이란 이른바 폐기물을 각 산업 분야의 원료로 활용하여 폐기물을 하나도 배출하지 않는 것을 목표로 한다. 이렇게 함으로써 순환형 사회를 이룩하는 것인데, 개별적으로 입주하는 기업은 국가에서 보조금을 받는 장점도 있다.

정부에서 에코 타운 승인을 받은 지역은 키타큐슈 말고도 나가노(長野) 현 이이다(飯田) 시, 기후(岐阜) 현, 가와사키(川崎) 시를 비롯해 16개이다(2002년 7월 현재). 그러면 '키타큐슈 에코 타운'만이 갖고 있는 특성은 무엇인가? 이 물음에 대해 키타큐슈 시 환경국 환경산업정책실 주사인 다케다 신이치(武田信一) 씨는 이렇게 설명한다.

"단순한 재활용 산업 유치로는 자원이 순환되지 않습니다. 키타큐슈 시에서는 교육·기초 연구, 실증 연구, 사업화의 세 단계를 시 내부에 집중시켜서 서로 연계하고 있습니다."

기초 연구에서 사업화까지 세 단계는 산업체와 대학이 앞장서서 이끌어나가고 행정당국이 뒷시중을 들며 지원하는 체제이다. 이러한 기반 정비는 도시계획과도 연결되어 있으며, 각각의 지구(Zone)가 시의 북부에 구성되어 있다.

교육·기초 연구가 이루어지는 곳은 시의 북서쪽에 있는 키타큐슈 학술연구도시(北九州學術研究都市)이다. 와카마츠 구와 야하타 구에 걸친 335ha를 토지구획정리 사업으로 재개발하고, 키타큐슈 시립대학, 큐슈 공업대학, 와세다(早稻田) 대학의 환경 관련 학부와 연구학과 등을 유치하였다. 한편, 와카마츠 구의 '히비키나다 에코 타운'의 서부에서는 산·학·관(産學官)에 의한 실증 연구 시설을 가동하고 있고, 동부에는 민간에 의한 사업화 시설이 집중되어 있다.

또, 키타큐슈 에코 타운의 최대 강점은 정비가 추진되는 항만 시설뿐만 아니라 앞으로 10년 동안 매립물을 받아들일 수 있는 히비키나다의 종말처리장이다. 다른 자치단체가 운영하는 에코 타운에서는 재처리한 뒤 남은 찌꺼기인 '잔사(殘渣)'를 자기 지역에서 완전하게 처리하지 못하고 외부의 종말처리장으로 가져가는 경우가 있다. 환경산업이 유치 그 자체만으로도 눈길을 끄는 추세이지만, "키타큐슈에서는 잔사까지도 끝까지 책임을 진다."고 다케다 씨는 강조한다.

연간 7만 6000명 견학

히비키나다 에코 타운에서는 실제로 어떤 재활용 사업을 진행하고 있는지 알아보기 위해 현지를 방문했다. 와카마츠 구의 시가지에서 국도 49호선을 따라가면 에코 타운 서부에 실증 연구 단지가 펼쳐진다(사진 1·23). 그 한 모퉁이에 시찰과 견학의 창구가 되는 에코 타운 센터가 있는데, 기술 전시물 열람과 에코 타운의 사업 설명도 들을 수 있다. 2001년에 7만 6000명의 견학자

사진 1·23_ 실증 연구 단지.

가 이곳을 방문했다고 한다.

현재 진행하고 있는 실증 연구는 모두 19개로, 대부분은 국가와 신에너지·산업기술종합개발기구(NEDO), 시의 보조·위탁 사업이다. '비회(飛灰)의 무해화(無害化) 처리'나 '발포 스티롤 재활용' 등 실용화를 향한 첨단 실험이 이루어지고 있다.

그 중에서도 눈길을 끄는 것은 땅에 파묻으면 미생물이 분해하는 특징을 가진 '생분해성 플라스틱'을 생성하는 프로젝트이다. 음식물 쓰레기와 도시 쓰레기에서 분해성 수지를 만들어내는 이 실험은, 큐슈 공업대학을 비롯해 에바라 제작소(荏原製作所)와 오루가노(オルガノ) 등의 민간에서 공동으로 실시하고 있다. 이러한 각종 기술이 표준화되고 채산성이 있다고

사진 1·24_ 사업화 단지.

판단되면, 더 나아가 에코 타운 동부에 건설된 사업화 단지에서 실제 사업으로 전개된다.

 사업화 단지(사진 1·24)는 두 종류의 사업자로 구성되어 있다. 선진성과 재생률 등의 제약을 뛰어넘어 국가에서 시설·설비비의 2분의 1을 보조받아 사업화한 경우와, 시에서 토지 임대와 보조를 받는 경우이다. 전자는 '종합 환경 콤비나트'라 하며 대자본이 많고 페트병이나 사무자동화 기기, 자동차, 가전, 형광등 등의 재활용 회사들이 가동되고 있다.

 한편, 후자는 '히비키 재활용 단지'인데 지역의 중소·벤처 기업으로 이루어져 있고, 식용유나 유기용제 등의 재활용 회사들이 조업을 하고 있다. 시에서는 이러한 중소기업에 $1m^2$당

연간 470엔의 싼 가격으로 토지를 빌려주고 있다. "원료가 되는 폐기물의 수거와 재활용 제품의 판매에도 함께 머리를 맞대고 있습니다." 다케다 씨가 힘주어 말한다. 히비키나다 에코 타운에 대한 총 투자액은 42억 엔으로 확정되어 있는데, 그 가운데 20% 조금 못되게 시에서 지출하고 나머지는 민간과 국가에서 내게 된다. 에코 타운의 신규 고용 인원은 현재 720명이다. 시에서는 에코 타운을 통해 고용 창출뿐만 아니라 지역 산업이 친환경적으로 바뀌기를 기대하고 있다.

또, 사업화 단지에서는 국가의 요청을 받아들여 2001년 10월 유해물질인 PCB(폴리염화비닐) 처리 시설을 입주시키기로 결정하였다. 여기에서 2004년부터 오카야마(岡山) 현 서쪽에 있는 17개 현의 PCB 폐기물을 처리할 예정이다. 다케다 씨는 키타큐슈 시 지역주민에게는 "100회 이상의 PCB처리장 시설의 설명회를 열고 간신히 이해를 구했다."고 말한다.

PCB는 1972년에 제조가 중지되긴 했지만, 관리사업자의 90%가 중소기업이어서 오랫동안 보관하는 데 따르는 누출 위험이 있어 신속한 처리가 요구되어왔다. 키타큐슈 에코 타운에서 PCB를 받아들이는 일은 여러 지역에서 주목을 받고 있으며, 바야흐로 종합적인 환경산업으로 발전하고 있다.

쓰레기 유료화로 발생량을 억제

키타큐슈 시는 1963년에 코쿠라, 야하타, 모지(門司), 와카마츠, 도바타(戶畑), 이렇게 5개 시를 합병해서 만든, 인구가 101만 명인 도시다. 규모가 큰만큼 자원이 되는 쓰레기를 분리수거 하는 데 시민들이 함께 보조를 맞춰나가는 것이 쉽지는 않았다.

일반 폐기물의 처리비는 1990년대 후반 대략 연간 150억 엔에 이르렀다. 당시 에코 타운 구상이 나와 있었는데다 자원이 되는 쓰레기 수거율이 높아지자 쓰레기 발생량을 억제해 비용을 낮출 필요가 있었다. 그래서 1999년 7월 시에서 채택한 일이 쓰레기 수거를 유료화한 것이다. 유료화 대상이 된 것은 일반가정에서 나오는 음식물 쓰레기, 종이로 만든 물건, 플라스틱 등 가연성 쓰레기로 소각 처리되는 것들이다. 지정 봉투 1개당, 큰 봉투는 15엔, 작은 봉투는 12엔, 아주 작은 봉투는 8엔으로 했다.

유료화하기 전인 1997년과 유료화한 후인 2000년을 비교해보면, 가연성 쓰레기의 양은 2만 1000톤이 줄었다. 반대로 페트병과 흰색 스티로폼 일회용 접시 등 5개 품목의 재활용품은 1000톤 이상 늘어났다. 그리고 가정에서 발생하는 쓰레기 가운데 재활용품이 차지하는 비율은 5% 정도이다.

2002년 7월부터 시에서는 형광등, 착색한 스티로폼 일회용 접시를 재활용품의 수거 품목에 추가하였다. 에코 타운에서 형광등을 포함한 기타 재활용 사업을 본격적으로 시작했기 때문이다(사진 1·25). 앞으로 에코 타운에서 또 새로운 품목을 처리할 수 있게 되면 재활용품의 품목이나 물량도 늘어날 것이다.

그런데, 어느 정도 재활용이 진행되었다고 해도 재활용 자

사진 1·25_ 형광등 재활용 사업.

재로 만들어진 제품이 시장에서 안 받아들여진다면 순환의 바퀴는 균형을 잃을 수밖에 없다. 말하자면, 재활용 제품이 안정적으로 팔릴 수 있는 '출구'가 반드시 필요하다는 것이다.

시에서는 2001년 10월부터 91개 품목의 친환경제품과 자재를 구입하는 '그린 구매'를 시작하였다. 종이류에서 사무기기, 자동차까지 그 품목을 늘리고 있으며, 2002년 봄에는 118개 품목으로 확대하였다. 또, 친환경상품을 찾는 시민들의 요구에 맞추어, 시에서는 앞장서서 야하타 동구 히가시다(東田)에 민간 환경상품 가게를 열었다.

나아가 재활용품으로 수거된 종이팩을 사용하여 키타큐슈산 화장지도 만들어내고 있다. 2001년 4월에 발매했던 '에

코 페이퍼(Eco-paper)'가 그것이다. 이 일을 기획한 사람은 키타큐슈 활성화협의회 기획조사실장이자 시민단체 '아까워' 종합연구소(もったいない總研)를 이끌고 있는 노다 가즈아키(野田一明) 씨다.

"많은 에콜로지 상품이 가격과 경쟁력면에서 시중 물건을 따라잡지 못했습니다. 그래서 키타큐슈산 화장실용 휴지는 반드시 시중 물건과 거의 비슷하게 가격을 매기는 대신 화장지 한 통의 길이를 두 배로 늘려 상품화한 것입니다."

노다 씨는 '아까워' 종합연구소의 회원기업 네트워크 등을 바탕으로 해서 시내 114개 점포와 지역 공장에서 이 에코 페이퍼를 취급해주도록 애를 썼다. 나아가 한 팩당 1엔을 시의 PTA협의회에 기부한다는 공공성도 강조하였다. 그 결과 1년간 16만 팩을 판매하고 있다.

시민을 끌어들인 사회적 실험

쓰레기를 줄이고 재활용하는 데 대해 시민들을 이해시키기 위해 시가 주최하는 독특한 행사가 열렸다.

2001년 7월부터 11월까지 열린 '저팬 엑스포 키타큐슈 박람회 2001'은 키타큐슈의 환경기술과 공해 극복의 역사 등을 널리 알리는 것이 목적이었는데, 관람객과 전시 참가자들의 '제로 에미션(폐기물을 하나도 없이 한다)' 실험이 전시회 기간에 실시되었다. 이것은 쓰레기를 어느 정도 줄일 수 있는지 알아보기 위한 실험이었다.

　　전시회는 124일 동안 열렸는데, 관람객에게 깡통이나 페트병을 비롯한 여러 가지 쓰레기를 7~10가지로 분류해달라고 했다. 그리고 음식점 38군데와 전시 참가자에게는 깡통과 페트병뿐만 아니라 업무용 발포 스티롤, 나무젓가락을 포함한 쓰레기를 13가지로 분류해줄 것을 요청했다. 이렇게 수거한 쓰레기를 자원화 센터의 뒷마당에 쌓아두고 박람회장 안과 에코 타운에서 재활용하도록 하였다. 이 '제로 에미션' 실험을 고안한 것도 '아까워' 종합연구소의 노다 씨였다.

　　"박람회란 시민을 끌어들여 사회적 실험을 하는 마당이라고 생각한 것입니다. 재활용하기 위해서 날마다 나오는 쓰레기를 일 주일 동안 모아두면 그 악취가 어떤지 관람객도 전시참가자도 이해할 수 있을 것이라고 생각했습니다. 처음 행정당국에서는 쓰레기를 쌓아두는 것이 보기에 좋지 않다는 의견을 냈습니다. 하지만 이번 일로 쓰레기 분류에 대한 시민들의 의식이 높아졌다고 생각합니다."

　　결과는 216만 명의 관람객이 124일 동안 배출한 쓰레기의 양은 328톤 남짓이었다. 그 가운데 재활용된 쓰레기의 양은 175톤에 이르러 53.6%의 재활용률을 기록하였다. 아무리 박람회의 한 행사로 준비된 사업이라고는 해도 놀랄 만한 수치인 것이다. 또 박람회에서는 '우리들의 에코 디자인(Eco-design) 선언'이란 제목으로 초등학생에서 고등학생까지, 그리고 시민단체들이 함께 환경활동에 대한 결의를 보여주었다.

2002년 12월 이 박람회의 1주년을 기념하는 '키타큐슈 에코 스테이지(北九州 Eco-stage)'에서는 각각 1년 전에 선언한 환경활동의 성과를 보고하는 장이 마련되었다. 다음은 노다 씨의 말이다.

"이벤트를 열고 기록을 남깁니다. 그리고 다양한 의견을 끌어내고 시민활동을 키워나가는 것이 우리가 할 일입니다."

행정당국의 주도 아래에서는 어떻게 하더라도 틀에 박힌 행사나 활동이 되지 않을 수 없다. 시민단체가 활동의 장을 기획하고 관과 민을 잇는 촉진자 역할을 함으로써 시민의 에너지를 이끌어낼 수 있는 것이다.

환경활동의 상징과 교육

야하타 구의 박람회장 자리에는 개최기간 중에 공개했던 환경박물관이 2002년 4월에 다시 문을 열었다. 이 박물관은 시에서 국가 보조를 받아 총 공사비 20억 엔을 들여 지었다. 전시 건물이 벽면 녹화가 되어 있는 것 말고도, 옥상에는 태양열 전지판, 건물 밖에는 풍력 발전기가 설치되어 있고, 60톤 남짓 저장할 수 있는 빗물 이용 설비도 있다(사진 1·26). 이 설비들을 이용해서 박물관 안의 전력을 공급하고 화장실의 배수 등을 하게 되어 있는데, 시의 환경활동에 대한 상징이다.

박물관 안은 키타큐슈의 산업 역사, 공해 발생과 그 극복의 역사를 비롯해서 지구온난화와 쓰레기 문제에 대해 판넬과

사진 1·26_ 환경 박물관.

비디오, 입체모형 등으로 배울 수 있게 만들어져 있다. "전시관으로서가 아니라 어디까지나 커뮤니케이션을 하는 장"이라고 관장인 나카시마 카즈마사(中島千雅) 씨가 말하는 것처럼, '인터프리터(interpreter)'라고 하는 직원이 수수께끼 내기 등 게임을 준비해서 안내를 한다.

그 중에서도 눈길을 끄는 것은 1960년대의 공해의 비참함을 본떠놓은 디오라마(diorama)이다. 이것은 공장에서 배출한 매연과 분진이 시로야마 지구에서 얼마나 지독했던가를 모형과 음성으로 해설하는 장치이다. 또, 당시 도바타 구 부인회가 공해 반대 운동의 하나로 제작했던 '푸른 하늘이 좋아'라는 기록영화도 관람할 수 있다. 이것은 '마이너스 유산'을 공개함으로써 '플러스 유산'으로 바꾸려는 시도이다.

　시에서는 쓰레기를 유료화하여 얻은 수익의 일부를 써서, 박물관에 진열된 재료를 바탕으로 환경교육 부교재를 만들었다. 이 책에서는 시의 자연환경과 쓰레기 유통의 구조 등을 쉽게 설명하고 있는데, 2001년까지 7만 6000여 권을 시내의 초·중학교와 도서관을 중심으로 나누어주었다. 2002년에는 유아부터 초·중학생용까지 5종류가 나올 예정이다. 이렇게 산·학·관의 연계로 이루어진 환경산업을 다음 세대에 마땅히 물려주어야 하는 교육활동에도 여념이 없다.

　키타큐슈 시는 전체 면적이 842km²이며, 그 가운데 43%가 산림이다. 시의 설명에 따르면, 일인당 도시공원 면적은 나라에서 정한 12개의 지정도시(政令指定都市) 가운데 코베(神戶)에 이어 두 번째로 넓은 면적을 자랑한다고 한다. 그런데 시의 얼굴이 되는 JR(일본철도) 코쿠라 역 주변의 시가지에서는 안타깝게도 녹화가 이루어져 있다는 인상을 받을 수 없었다.

　또, 히비키나다 지구는 무기질 같은 실증 연구 건물과 재활용 공장이 늘어서서 스산한 인상을 지울 수 없다. 히비키나다 에코 타운이 일본에서 말 그대로 으뜸이 되면서, 거기에다 이를테면 거리 녹화를 비롯해서 공업단지의 옥상과 벽면 녹화, 태양열발전 등 자연환경에 대한 종합적인 배려가 있기를 기대해본다.

글·사진_ 키마타 아키라(木全晃)(신규취재)

02
자연파괴에서 에코 선진지구로

생태관광으로 관광의 나라를

_꼬스따리까

지금도 경이적인 자연을 유지하고 있는 꼬스따리까(Costa Rica)는 생태관광이라는 개념을 처음으로 도입한 나라다. 자연보호와 관광개발, 거국적으로 실시하고 있는 환경교육 등 내용을 중시하는 환경정책이야말로 이 나라의 진가를 말해준다.

관광이 최고의 산업으로

"삐우 삐리 삐리." 자연 안내자인 마리오 마드리스 씨(사진 2·1)는 두 손을 동그랗게 모아 입술 가까이에 대고 새소리를 흉내낸다. 그러자 촉촉이 젖은 이끼로 겹겹이 두른 나무들 사이에서 새들이 지저귀는 소리가 들려온다.

중앙아메리카 꼬스따리까 공화국은 니카라과(Nicaragua)의 남쪽이자 빠나마(Panamá)의 북쪽에 자리잡고 있으며, 까리브해(Caribbean Sea)와 태평양 사이에 끼어 있다. 전체 면적이 세계 국토의 0.03%(5만 km^2)밖에 안 되는 이 작은 국가에 전세계 동물의 5%나 서식하고 있다. 국토의 40%를 차지하는 원시림이 그들의 터전이다. 원시림 중 25%가 국가의 보호를 받고 있으며, 거국적으로 자연보호에 힘을 쏟고 있다.

사진 2·1_ 벌새 갤러리에 모인 껫짤새를 바라보고 있는 마리오 마드리스 씨.

꼬스따리까의 자연보호정책은 1948년에 제정된 평화헌법에서 군사비를 제로로 만든 데서부터 출발한다. 국가예산은 교육과 의료, 도로 정비 등에 쓰이며 안정된 사회를 만들고 다정하고 온화한 국민성을 기르는 데 노력한다. 꼬스따리까에는 화산이 112개나 있다. 1955년 관광부에서는 활화산 분화구에서 반경 2km 이내를 국립공원으로 지정하였다. 1969년에 산림법을 제정한 것을 계기로 1970년부터 국립공원이 만들어지기 시작한다. 환경에너지청 국립보호구의 오스카 에레라 씨는 레인저(Park-ranger·공원 순찰 및 자연해설 담당 직원) 생활 15년을 다음과 같이 회고한다.

"어쨌든 숲을 지키자는 생각으로 국립공원을 만들기 시작했습니다. 예산이 없어 레인저인 나도 움막에서 자고 땔나무로 밥을 지어먹으며 24시간 체제로 공원을 순찰했습니다."

그러나 국립공원으로 지정되었는데도 주민들의 사냥과 벌채, 불법주거를 비롯해 문제가 끊이지 않았다. 이런 문제를 해소하기 위해 국립공원 안에 교육시설이 만들어지고 레인저들이 주민을 대상으로 환경보호교육을 실시한다. 2주마다 한 번씩 지역의 초·중학교에서 세미나를 열거나 공원산책로에서 야외수업을 하는 등, 교육부의 지도 아래 환경교육 프로그램을 진행했다. 또, 국립공원은 관광객 입장을 몇 명으로 제한할지, 공원산책로를 어떻게 정비할지 같은 것을 결정할 때마다 지역 주민들과 대화를 나누었다. 이런 일에 대해 에레라 씨는 다음과 같이 말한다.

"대화의 장을 마련하여 국립공원은 국민 모두의 것이라는 마음을 갖게 하고 있습니다. 주민에게 무조건 나무를 자르지 말라고 하는 건 설득력을 갖지 못합니다. 나무와 숲을 잘 유지하는 것이 경제적인 가치를 높이는 일이라는 걸 이해하도록 해야 합니다."

정부는 숲을 지키는 것이 관광객을 불러모으는 것이라고 생각하여 1986년부터 생태관광에 힘을 기울이기 시작한다. 풍요로운 생태계를 연구하기 위해 세계 여러 나라 생물학자들이 몰려들고, 에코 투어를 직접 주최하는 사람도 나오고 있다. 1990년부터 관광업은 해마다 15% 성장하여, 1992년에는 바나나와 커피를 제치고 이 나라의 최고 산업으로 발전하게 되었다.

생태관광의 중심지

꼬스따리까에서는 해안에서부터 열대우림, 열대운무림(熱帶雲霧林)에 이르기까지 지역 단위로 생태관광이 이루어지고 있는데, 그 중에서도 개인이 운영하는 몬떼베르데 크라우드 포레스트(Monteverde Cloud Forest) 자연보호구는 생태관광의 중심지로 유명하다. 예산이 없어 새로운 국립공원을 만들 수 없게 된 정부로서는 개인이 운영하는 보호구가 믿음직한 네트워크이다. 이에 대해 안내자를 위한 세미나를 개최하는 생물학자 프랑크 조이스 씨는 다음과 같이 말한다.

"25%의 산림을 국가가 보호하고 있지만 지켜야 할 숲은 아직도 엄청나게 많습니다. 그래서 개인이 운영하는 보호구는 그 틈을 메워주는 중요한 역할을 하고 있습니다."

몬떼베르데 크라우드 포레스트 자연보호구는 수도 산호세(San José)에서 북서쪽으로 약 4시간 정도 떨어진, 표고 1500m인 열대운무림의 정글이다(사진 2·2). 1951년에 미국 앨러배마(Alabama) 주의 퀘이커 교도(Quakers)들이 이 지역으로 이주하면서 물이 솟아오르는 운무림을 보호하기 시작하였다. 1973년부터 열대과학 센터(Tropical Science Center)가 문을 열고, 서구의 자연보호기관에서 들어오는 기부금을 밑천으로 차츰차츰 토지를 사들여 지금은 1만 500ha를 소유하고 있다. 1980년대 후반부터 서구의 언론매체가 자연보호구를 소개하기도 했고, 정부가 관광 진흥을 위한 활동을 하면서 생태관광객들이 몰려들게 된다.

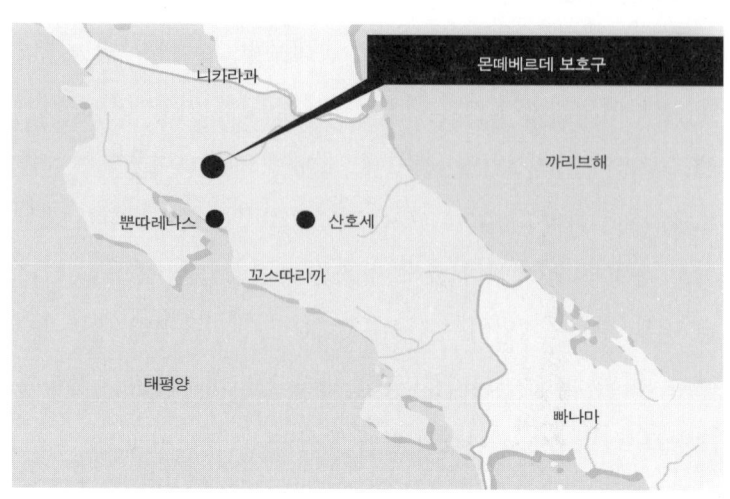

사진 2·2_ 몬떼베르데 자연보호구는 열대운무림의 정글이다.

현재 이 보호구를 방문하는 관광객은 연간 5만 명이고, 관광수입은 60만 달러에 이른다. 보호구에서는 이 매출을 밑천으로 1993년에 트럭을 구입하고 4군데에 재활용 센터를 설치하여, 쓰레기를 정기적으로 수거하거나 도로를 정비한다.

그러나 관광객이 혼자서 보호구의 산책로를 걸어봐야 식물의 이름도 모르고 새가 살고 있는 곳이나 습성도 알지 못한다. 여기에서 중요한 역할을 맡게 되는 사람들이 그 지역 자연에 훤한 자연 안내자이다. 몬떼베르데에는 27명의 회원으로 이루어진 자연 안내자 협회가 있는데, 이 보호구와 계약을 맺어 관광객에게 생태 안내를 하는 것은 물론이고 흡연구역과 쓰레기 처리 방법 등에 대해서도 지도를 한다.

"숲은 사람들에게 말을 걸지 않으면 안 됩니다. 안내자는 이 숲과 사람을 이어주는 통역자인 것입니다." 자연 안내자 협회 빅토리노 모리나 회장의 말이다. 버드 워칭(Bird-watching)이 활발하게 이루어지는 몬떼베르데에서는 껫짤(Quetzal)이나 새끼새 등 멸종될 위기에 놓인 야생조류 보호에 힘을 쏟고 있다. 생태농장에서는 자연 안내자들이 껫짤을 숲으로 불러들이기 위해, 아보카도(avocado) 나무를 심고 있다. 지난해에는 1500그루의 묘목을 심었는데 올해는 3000그루, 내년에는 6000그루로 두 배씩 늘려서 심을 예정이다.

몬떼베르데 보전연맹(Monteverde Conservation League)은 보호구를 에워싸듯이 주변 토지를 사들여 2만 2000ha에 이르는, 꼬스따리까에서 가장 큰 개인운영 보호구를 운영하고 있

사진 2·3_ 살충제를 쓰지 않아 안심하고 먹을 수 있는 바나나를 재배한다.

사진 2·4_ '스카이 워크.' 거목 사이를 카노피로 이동하면 타잔이 된 듯하다.

다. 이 단체는 스웨덴의 소년이 숲을 지키자며 모금활동을 시작한 것을 계기로 1986년에 출범하였다. 지금은 독일, 캐나다, 미국을 비롯해서, '일본 어린이의 숲과 초록 모금'과 같이 일본에서도 기부금을 받고 있다. 이 보호구는 '영원한 어린이 열대림(Children's Eternal Rain Forest)'이라고 일컬어지고 있다. 운영자금의 86%는 기부금과 연구기금에서 충당된다. 또 생태관광이 활발해져서 입장료도 중요한 자금원이 되고 있다.

몬떼베르데 보전연맹 회장 조니 로하스 씨는 "생태관광에서 중요한 것은 자연에 대한 충격을 최소한으로 그치게 하는 것"이라고 말한다. 실제 관광객에게 개방되고 있는 보호구는 고작 1%도 되지 않는다. 물론 대규모 호텔도 짓지 않고 있다.

그 대신 보호구를 둘러싸고 있는 마을들이 생태관광 붐을 타고 활기를 띠고 있다. 몬떼베르데 기슭에 있는 산타엘레나(Santa Elena) 마을에서는 본디 농부였던 사람들이 음식점을 열어 꼬스따리까 전통음식을 팔고 있다. 그리고 특산물인 바나나는 무농약이라는 점을 내세우고 있다(사진 2·3). 호텔과 휴게소, 지역특산품 가게도 늘어나고 '스카이 워크(Sky walk)'라고 하여 숲 사이를 카노피(canopy)로 이동하는 모험놀이도 등장하였다(사진 2·4).

지역 안내자와 연구자들이 지키는 풍요로운 자연과 관광
꼬스따리까에는 농업생태학(agricology)과 관광, 이 두 학과가 있는 직업훈련학교가 30개 정도 있다. 산타엘레나 마을에 있는 '산타엘레나 직업훈련학교'도 그 중 하나다. 이 학교는 지역에서 하나밖에 없는 고등교육기관이다. 그래서 학과와 상관 없이 입학을 하는 학생이 대부분이다. 가난한 가정의 자녀들도 많아 학교에서는 아침과 저녁식사를 제공하고 있다.

이 학교는 국가가 소유한 산타엘레나 자연보호구를 관리하는 일도 맡고 있다. 그래서 보호구 안에서 활발한 야외활동을 하기도 한다. 동식물의 생태를 현장에서 연수하거나, 산책로 정비를 비롯하여 자원봉사 활동도 한다. 자연 안내자를 꿈꾸는 학생들도 있지만 그 문이 좁다. 학생들의 진로에 대해 알만도 사바 교장은 다음과 같이 말한다.

"자연 안내자가 되려면 많은 경험과 지식이 있어야 합니다. 마케팅이나 경영과 같은 화이트칼라 직종을 희망하는 학생이 늘고 있습니다."

졸업생들 대부분은 지역 레스토랑에서 웨이터 일을 하거나 호텔 접수계에서 일하는 등 관광업종에 종사하고 있다.

보호구 안에 있는 실험실에서는 세계 여러 나라에서 온 학자들이 연구활동을 하고 있다. 그 중에서 까리브해 쪽의 사라삐키(Sarapiki)에 있는 라셀바(La selva) 생물학연구소는 연구의 최첨단 지구이다. 꼬스따리까와 미국의 학자들이 공동으로 보호구 안에 서식하고 있는 절지동물류를 연구하는 프로젝트(Project ALAS, Arthropods of La Selva)를 수행하고 있다. 연구소 내에는 숙박용 산막과 도서관까지 갖추어놓고 연구를 하는 데 만전을 기하고 있다. 연구가 끝난 후 표본 곤충은 산호세에 있는 박물관에 전시된다. 이곳에서 연구활동을 하고 있는 스미소니언(Smithsonian)협회의 생물학자 돈 데이비즈 씨는 다음과 같이 지적한다.

"열대우림에 무엇이 서식하고 있는지를 아는 것은 이곳을 보호하는 데 아주 중요한 문제입니다. 산림을 벌채해버리면 이런 서식 동물들도 함께 파괴된다는 경종을 울릴 수도 있기 때문입니다."

라셀바 생물학연구소는 처음에는 일반인의 견학을 받지 않았지만, 기부금만으로 연구를 지속하기 어려워 1987년부터 관광객과 학생들에게 개방하고 있다. 방문자수는 연간 4000~1만 2000명 정도이다.

관광객을 위해서 하루 두 번의 생태관광도 실시한다. 사라삐키 지역의 자연 안내자 협회의 안내자들이 관광 안내를 맡는다. 꼬스따리까에는 각 지역에 살고 있는 안내자가 안내를 맡고 다른 지역에서 오는 안내자들은 안내할 수 없다는 규정을 두고 있는 지역이 많다. 이것은 그 지역의 자연과 동식물에 관한 지식과도 관계가 있고, 그 지역의 안내자들을 보호하기 위해서기도 하다. 하지만 여기에서도 문제가 없는 것은 아니다. 연구조교이며 안내자로도 일하고 있는 로널드 바리가 씨는 다음과 같이 말한다.

"문제는 가난한 농부들이 저지르는 벌채입니다. 그래서 농부들에게 벌채로 벌어들이는 만큼의 돈을 주고 있습니다."

주민들에게 환경교육도 실시하고 있지만, 집에서는 아버지가 사냥이나 낚시를 하러 가고 저녁에는 이구아나를 먹고 있는 실정이다. 그러나 "환경교육은 느릿느릿 이루어지지만 그래도 꾸준히 나아가고 있다."며 바리가 씨는 희망을 놓지 않고 있다.

환경대책은 아이디어에 달려 있다

생태관광이 활발해진 것은 좋은 일이지만, 생태관광과 지역개발의 균형을 어떻게 유지할 것인가가 앞으로의 과제이다. 몬떼베르데의 경우 관광화가 추진되자 주변의 도로에는 빈 병이 버려지거나 도로상태가 악화되고, 물가가 뛰고 생활비가 올라가는 등 문제가 생기고 있다. 국립공원에도 주변 고속도로를 따라서 주민들과 기업, 관광객이 버린 쓰레기 봉지가 수없이 굴러다니고 있다.

브라울리오 까리요 국립공원(Braulio Carrillo National Park)에서 레인저로 근무하고 있는 세르지오 바께로 씨는 "이런 문제를 해결하기 위해 해마다 자원봉사자, 학생, 레인저들이 협력하여 도로 주변을 청소하고 있다." 고 말한다. 정부에서는 도로에 쓰레기를 버리면 300달러의 벌금을 부과하기로 결정하고, 교육부는 학교에서도 환경교육을 의무적으로 가르치기로 결정했다. 그러나 정부에는 예산이 없다. 그렇기 때문에 호텔을 비롯한 지역기업이 솔선하여 환경대책을 마련할 필요가 있다.

관광부는 1997년부터 환경대책과 지역개발이 공존할 수 있는 프로젝트를 마련하였다. 지역과 대립하지 않기 위해 종업원의 60% 이상을 이 고장에서 고용하고 있는가, 친환경 상품과 재활용 제품을 사용하고 있는가, 에너지 절약을 실시하고 있는가, 손님에게 환경보호를 설득하고 있는가 등, 모두 152개 질문을 마련해서 호텔, 휴게소의 환경대책을 5단계로 평가하는 시스템을 실시하고 있다. 현재 이 프로그램에 따라서 110개 호텔을 평가했는데, 실제로 이러한 시책을 실시하고 있는 곳은 약 절반 정도였다. 앞으로 꼬스따리까의 호텔 수준을 국제기준에 맞춰 향상시키는 것이 목표이다.

몬떼베르데에서도 남달리 환경대책에 힘을 쏟고 있는 곳으로 유명한 데가 에코 호텔 '아르꼬이리스(Arco Iris·무지개)'이다. 독일인 소유주 하이모 헤이다가 유럽의 에코 호텔(Eco-hotel)의 시스템을 도입하여 1993년에 문을 연 이 호텔은, 에코 호텔 인증 활동을 펴고 있는 미국의 에코 호텔 협회에서 가장 높은 별 다섯 개를 얻었다. 이 호텔에서는 강으로 배출물을 흘려보내는 것을 막기 위해 주방 옆에 3개의 정화 탱크를 설치하였다. 목욕물과 빗물은 잔디와 식물 쪽으로 흐르게 만들고, 음식물 쓰레기는 말과 고양이의 사료로 쓰거나 두엄을 만들어 허브농장의 비료로 쓰고 있다. 퇴비에는 계란껍질을 섞어서 칼슘을 강화한다. 허브농장에서는 빈 병을 이용해 담배꽁초를 물에 담가두었다가 해충구제용 자가 살충제로 사용하는 기발한 아이디어도 있다.

사진 2·5_ 폰다 벨라 호텔의 방. 창이 넓고 자연광이 눈부시게 내리쬐는 실내에 마호가니의 운치가 감돈다.

에너지를 절약하기 위해서 먼 데서 물건을 사지 않고 지역 업자에게서만 물건을 구입하고 있다. 또, 보호구에서도 차를 함께 타고 가도록 손님들에게 부탁하고 있다.

"중요한 것은 이런 호텔의 정책을 손님과 동업자에게 스며들게 하는 것"이라며, 헤이다 씨는 각 나라 말로 홍보물을 만들어 숙박객에게 쓰레기를 분리하도록 부탁하거나, 지역의 호텔·레스토랑 협회에 노하우를 가르쳐주는 등, 환경대책의 보급활동에 여념이 없다.

몬떼베르데 최고급 호텔 '폰다 벨라(Fonda Vela)'도 1993년에 에코 호텔 인증을 받았다. 이 호텔은 고목과 쓰러진 나무 150그루를 골라서 지은 건물로, 부패하지 않고 벌레도 퇴치 되는 마호가니 목재를 기본으로 해서 세워졌다(사진 2·5). 나무는 한 그루 자를 때마다 두 그루를 심었다. 나무를 운송하는 데는 트럭을 사용하지 않고 수소 두 마리에 실어날랐다. 또, 날이 얇은 체인 톱을 써서 나무를 자를 때 나오는 먼지도 억제하였다. 공사비용은 250만 달러가 들었다. 냇물을 파이프로 끌어와 세탁과 공사용 물로 이용하고 있다. 자연 안내자 사무엘 씨는 "자연에서 먹을 것을 얻어온 우리들이 이제 자연을 보호하는 일을 함으로써 자연에게 은혜를 갚아야 한다."고 말한다.

"자연보호는 우리들의 임무가 아니라 삶입니다." 레인저로 일했던 에레라 씨가 힘주어 말하는 이야기다. 자연보호의 자랑스러움과 자신감에 찬 레인저와 안내자들의 열의가 관광객들에게도 잘 전해져온다.

글_ 이이즈카 마키코(飯塚眞紀子) / 사진_ 오시모토 류이치(押本龍一) / 1999년 11월

'평화롭고, 교육수준이 높고, 노동력이 싼' 꼬스따리까의 매력

꼬스따리까를 방문하는 관광객은 연간 80만 명이다. 그 가운데 60%가 국립공원과 보호구를 찾는 생태관광객이다. 관광수입은 1990년에 4억 달러였는데, 지금은 8억 달러로 두 배가 늘었다. 관광을 유일한 수입원으로 삼는 마을도 적지 않고, 각 지역 단위로 생태관광이 이루어지고 있다. 꼬스따리까 관광부 생태관광 마케팅부는 관광진흥에서 더 나아가 해외기업들이 휴게소, 호텔 등 리조트를 개발할 때 지원을 해주고 있다.

"꼬스따리까가 평화롭고 안정되어 있다는 것, 교육수준이 높고 노동력이 싸다는 것을 관광엑스포를 통해서 해외에 널리 알리고, 생태관광이 서로에게 이익이 된다는 것을 가르치고 있다."는 알베르또 산체스 부장은 해안지역을 중심으로 호텔과 숙박시설을 유치하는 데도 성공했다. 해안의 토지를 이용하는 방법에 대해서는 일본의 JICA(국제협력사업단)의 기술협력도 받고 있다.

관광성이 현재 힘을 쏟고 있는 것은 레인저와 자연 안내자의 양성이다. 환경에너지청과 안내자 양성을 실시하는 자연 안내자 협회가 협력해서 자격증(Guide license)을 내주고 있다. 9개월의 단기 과정으로 약 30명이 자격증을 얻었다.

'범람하는 하천'을 부활시킨다

_네덜란드·독일·오스트리아-라인 강·도나우 강

유럽은 지금, 강을 자연 본래의 모습으로 되살리려는 노력이 한창이다. 1980년대에 시작되어 현재 수백 군데에서 이루어지고 있는 프로젝트로 강과 그 주변의 생명이 되돌아오고 있다. 이 프로젝트의 핵심 단어가 '범람(氾濫)'이다. 라인(Rhein) 강, 도나우(Donau) 강에서 살펴본 생태계를 소생시키는 새로운 '치수(治水)'란 과연 어떤 것인가?

둑을 개방하여 잃어버린 생태계를 되살린다

유럽 대륙을 유유히 흐르는 라인 강 출구는 막혀 있다. 전체 길이가 1km 남짓한 17개 수문이 일찍이 라인 강과 북해를 자유롭게 왕래하고 있던 물길을 끊어놓았다. 항구도시 로테르담(Rotterdam) 근교에 하링플리트(Haringvliet) 하구언(河口堰)이 있다(사진 2·6). 1970년 제방의 문을 완전히 닫은 지 30여 년이 지난 현재, 만 안쪽은 담수호가 되어버렸다. 하구언은 1953년 겨울 1800명 이상의 사상자를 낸 큰 수해 이후, 높은 파도로부터 사람들을 지키기 위한 '델타 프로젝트(Delta Project)'의 하나로 만들어진 것이다.

사진 2·6_ 2005년부터 개방해나갈 하링플리트 하구언.

    그러나 2000년 5월, 이 하구언을 2005년부터 개방하기로 결정했다. 네덜란드 국회와 정부가 몇 년에 걸쳐 논의한 끝에 드디어 합의에 도달하였던 것이다. '하링플리트 제방 재개방 프로젝트'를 맡은 당시 교통공공사업수 관리청(Netherlands Ministry of Transport Public Works and Water Management) 의 요스 판 헤스 씨에 따르면, 2015년까지 아주 조금씩 제방을 열고 상태를 봐가면서 차츰차츰 본래의 자연을 회복시켜갈 것이라고 한다.

    본래 여기에는 어떤 자연이 있었던 것일까. 다음 지도는 하구언이 폐쇄되기 전까지 조수의 영향을 받았던 큰 델타(삼각주) 지대이다(지도 2·7). 하루 두 번 만조와 함께 해수가 약

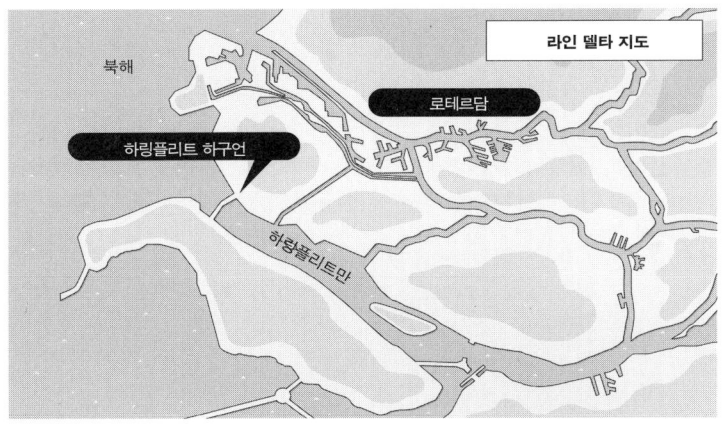

지도 2·7_ 라인 강 하구의 델타 지대.

100km까지 올라왔는데, 최고 수위와 최저 수위의 차이도 가장 클 때는 2m 이상이었다. 이곳은 기수역(汽水域)만이 가지고 있는 자연인 갯벌과 사주(砂州)에 복잡하게 얽혀 있는 지류가 순환을 하고, 냇버들 같은 나무와 바다와 강을 왔다갔다하는 연어 등도 많던 천혜의 어장이었다. "이곳 기후에 어울리는 열대 우림이었다."고 말하는 사람도 있다.

그것을 빠른 속도로 파괴해갔던 것은 델타 프로젝트였다. 댐과 제방을 계속해서 쌓아나간 결과, 조수의 영향을 받는 면적은 3750ha에서 120ha로 줄어들고, 수위의 차이도 30cm 정도가 되었다. 하링플리트 제방의 경우는 담수화한 물을 농업용수뿐만 아니라 150만 명의 식수로 사용하고 있다. 그래서 바닷물이 들어오지 않도록 운용할 수밖에 없었다. 하구에서 제방의 문을 완전히 닫아버리면 어떻게 되는 것일까?

사실은 그 계획을 세울 때부터 델타의 생태계는 완전히 흐트러지게 될 것이고, 생물종의 감소가 아주 크게 일어날 것이라는 예측이 있었다. 실제로 문을 닫아버린 지 1년 만에 갈대밭이 줄어들고 새와 물고기의 종류가 감소하였다. 흔한 담수의 생태계로 변한 것이다. 병든 새와 악취를 내뿜는 물고기도 나타났다. 바다로 나가는 출구를 막았기 때문에 중금속을 포함한 매우 심하게 오염된 진흙이 만 안쪽에 쌓이기 시작했다. 스위스, 독일 등 강 상류 국가에서 흘려보낸 오염물질의 '마지막 침전지'가 된 것이다. 퇴적물의 추정량은 약 1억m^3나 된다. 이 퇴적물은 강바닥을 파서 강 가운데 만들어놓은 저장소에 가둬두고 있다. 하지만 강 상류 국가들의 보상도 없을 뿐만 아니라 해결될 낌새도 보이지 않는다. 하구언을 만들어서 생긴 가장 커다란 문제다.

생태계의 회복과 경제성을 양립시켜

네덜란드는 '치수의 역사'가 만들어낸 국토이다. 네덜란드가 물관리를 위해 둑을 개방하기로 결심한 것은 커다란 정책 전환을 뜻한다. 하링플리트 제방을 개방하자는 논의는 자연보호를 외치는 주장을 등에 업고 1980년대에 시작되었다. 제방을 점점 높이 쌓아가는 치수방식보다는 옛날의 지류를 회복시켜서 만든 '건전한 물 시스템'에 의한 치수방식이 환경 측면에서도 더 낫다는 인식이 널리 퍼졌고, 생산과잉으로 농지가 남아돈다는 조건도 마침 갖추어져 있었다.

현재 네덜란드의 물관리 예산은 연간 10~20억 길더(Gulden)로 홍수를 관리하고 생태계를 회복하는 데 쓰인다. 이런 정책 전환은 거의 20년 동안 만들어져온 물관리에 관한 법률과 행동계획이 뒷받침해주고 있다. 관료와 내각이 멋대로 결정한 것이 아니다. 이렇게 해서 지금까지 하천유역 농지의 10%에 해당하는 4000~5000ha의 농지를 자연으로 되돌렸으며, 앞으로 5~10년 동안 하천유역 농지의 30~40%를 본디 자연의 모습으로 되살린다고 한다.

하링플리트 하구언 개방도 이 흐름에 따른 것이다. 헤스 씨는 "제방을 열어 바닷물이 섞일 경우 식수 등에 얼마나 영향을 미치는지 조사해가면서 생태계의 회복과 경제성을 양립시킬 필요가 있다."고 말한다. 농업과 상수도에 영향을 미칠 때 그 보상을 해가면서 단계적으로 개방을 해서 유럽에서 가장 큰 담수의 조간대(潮間帶)를 재현하는 것이 네덜란드의 꿈이다.

이런 방식은 에도 시대의 '미타메시(見試し)'라는 방법을 연상시킨다. 조금씩 시도해보고 나서 가장 좋은 착지점을 찾는 방법이다. 나가라가와(長良川) 하구언과 이사하야(諫早)만 간척사업은 이와 같은 외국의 선례는 물론이고 일본의 역사에서도 배워야 한다.

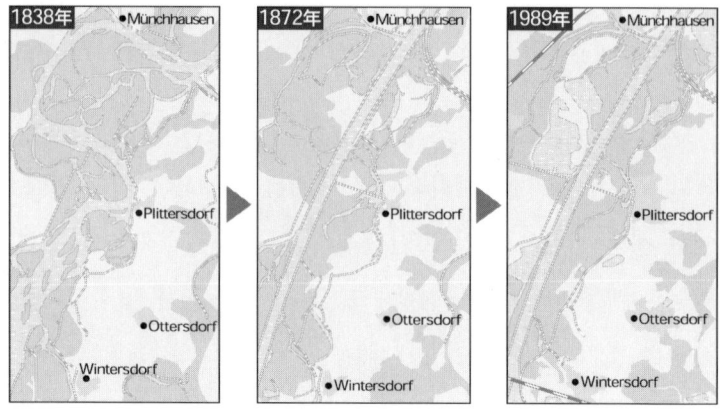

지도 2·8_ 라스타트 지역의 라인 강의 변천.

범람원의 중요한 역할

"강의 범람은 자연계의 역동성을 지탱해주고 있는 것입니다." 라인 강 연안의 마을인 라스타트(Rastatt)에 있는 WWF(세계야생동물보호기금) 범람원생태 연구소 에밀 디스터 소장은 범람원의 역할을 이렇게 말했다. 이 연구소는 유럽에서 사라져 가고 있는 범람원을 연구, 보호하기 위해 1985년 설립하였다.

 1800년대 중반까지 라인 강 상류는 수많은 작은 지류가 그물망처럼 얽혀 있는 습지대와 같은 모양이었다(지도 2·8). 항상 물에 잠긴 일대는 범람원 자체가 라인 강이었다. 범람원은 어떤 특징을 갖는가? 디스터 소장은 다음과 같이 설명한다.

 범람원의 가장 큰 특징은 강의 유량 변화에 따라 일어나는 수위 변동이다. 지하수위도 영향을 받는다. 강은 상류에서 이런 저런 것들을 실어오는데, 범람원은 그런 것들이 닿는 곳이다. 식물이나 때로는 작은 동물이 떠내려와, 퇴적된 진흙이나 자갈에 섞여 있는 양분을 먹이로 삼아 서식한다. 그리고 수위의 변화와 그 기세로 지형이 침식된 것은 파괴처럼 보이지만, 사실은 새로 들어오는 동식물에게는 더할 수 없이 좋은 서식지를 만들어준다. 이처럼 시간의 흐름과 함께 일어나는 범람원의 끊임없는 변화는 '종의 보존'과 연결되어 있는 것이다.

강의 범람은 인간이 생각하는 것보다 훨씬 더 자연계의 대규모 순환과 관련되어 있다. 그리고 인간에게도 이러저러한 도움을 준다. 요컨대 홍수의 영향을 완화시키고, 물을 정화하고, 지하수를 길러내고, 많은 동식물에게 서식지와 피난처를 제공해주고, 사람들에게는 휴식공간을 제공해준다.

지나치게 이용된 라인 강 상류

유럽에서는 지금까지 170여 년에 걸쳐 이루어진 하천의 개조로 범람원은 끊어지고 망가져서 예전의 몇 %밖에 남아 있지 않다고까지 한다. 라인 강 상류에서 맨 처음 시작한 대규모 개조는 홍수를 예방하고 농지를 확대하기 위해 수많은 지류를 하나의 수로로 묶는 1800년대의 치수공사이다. 20세기 초에는 강폭을 좁혀 수심을 확보하는 운하를 만들었다. 제1차 세계대전 후, 승전국인 프랑스는 라인 강의 전력개발권을 거머쥐자 본류 옆에 새 운하를 만들었다. 그리고 수력발전 댐을 세워 수량을 모조리

뽑아가게 되었다. 이 때문에 강바닥이 침식되었고, 무엇보다 독일의 지하수위가 낮아진 것은 이 물을 식수로 쓰고 있던만큼 심각한 문제였다. 또, 많은 생물종이 감소한 것은 말할 것도 없다.

생태계의 범람

범람원이 홍수를 조절하는 역할을 하도록 되살리는 사업이 바덴뷔르템베르크 주정부가 라인 강 상류에서 실시한 '통합 라인 계획(IRP)'이다. 옛날의 범람원 생태계를 복구하는 동시에 홍수를 조절하려는 것이다. 라인 강 상류 200km 구간에 '폴더(Folder)'라고 하는 13개의 유수지(遊水池)를 만드는 계획인데, 그 중 두 군데가 완성되어 1987년부터 운용하고 있다. 주의 하천환경관리국 IRP 실시계획담당 라이너 융커 씨는 "강이 있는 곳에 유수지가 있던 예전의 모습으로 되돌려놓는 것"이라고 말한다.

이것은 예전부터의 범람원에 유수지를 만들고 거기에 강의 본류에서 인공적으로 물을 끌어들여 물의 수위와 침수면적을 조절하는 시스템이다. 융커 씨는, "통상적으로는 6~7년에 한 번밖에 침수하지 않기 때문에 좀더 자주 물을 넣어서 범람원의 동식물을 지키고 소생시킨다."고 말한다. 이것을 '에콜로지 시스템의 범람'이라고 한다. 앞서 말한 것처럼 라인 강 상류는 프랑스 쪽의 새 운하로 물이 빠져나갔다. 그래서 독일은 오랜 세월 동안 지하수위 저하로 고통받아온 터라 완성한 유수지 두

사진 2·9_ 라인 강 상류의 폴더(유수지).

군데에서는 연간 50일 정도 침수를 시키고 있다(사진 2·9).

'에콜로지 범람'의 또 하나의 목적은 홍수조절 기능을 다시 살리는 것이다. 상류를 댐으로 막고 제방을 쌓아온 결과 불어난 물이 빨리 하류로 내려가고, 홍수가 절정에 이를 때 유량도 많아지게 되어서 오히려 하류에서 홍수의 위험성이 높아졌기 때문이다. 홍수가 절정일 때 늘어난 유량 700m³를 13개의 유수지에 담아놓는다는 것이 IRP의 치수계획이다. 이것은 1988년 주 조례의 홍수예방책으로 자리매김되었다. 모든 유수지가 완성되면 100년에 한 번 일어날 정도로 큰 홍수에도 대응할 수 있게 되고, 이것은 제1차 세계대전 전의 자연이 갖고 있던 홍수조절 능력과 엇비슷한 역할을 하게 된다. 주에서는 이 방법이 비용도 더 싸다는 것을 내세워 이 일을 추진하고 있다. 하류에서 그 정도의 홍수가 일어나면 1240만 마르크의 손해를 볼 것이라 예상된다. 하지만 IRP의 사업비는 100만 마르크밖에 들지 않는다. 그리고 여기에는 유수지 내 농림지의 침수 피해 보상도 포함되어 있다.

라인 강 상류지역의 조건이 일본에 비해서 좋은 것은, 인구와 산업이 집중해 있는 지역인데도 주에서 범람원 녹지대를 남겨놓은 것이다. 이 때문에 토지를 매입하는 데 비용이 거의 들지 않는다. WWF 범람원생태 연구소의 디스터 소장은 생태학적인 홍수대책을 세우려면 넓은 토지가 있어야 한다는 점을 인정하면서도, 환경보전 기능을 중시하는 EU농업정책의 전환이 이 문제를 해결하는 데 도움이 될 것이라고 말한다. 일본에서도 정말 종합적인 물관리를 할 생각이라면 경지감축 정책과 환경정책을 통합할 필요가 있을 것이다.

NGO와 국민이 지킨 대습지림

여기는 '도나우 아우(Donau-Auen)'라고 일컬어지는 곳이다. 알프스에서 물을 흠뻑 머금은 급류인 도나우 강 본류의 양 기슭을 두텁고 짙게 덮고 있는 습지림(濕地林)의 녹음, 그곳을 들어서면 숨어 있던 지류가 숲을 가른다. 모래와 식물과 물이 만들어내는, 눈을 반짝이며 돌아볼 만큼 아름다운 풍경이다. 어느 것 하나 똑같은 경치는 없다. 이 범람원 습지림의 풍경을 이

사진 2·10_ 물을 회복한 도나우 강의 범람원.

루는 것은 하얀 자갈과 크고 작은 다양한 돌로 된 모래톱, 그와 마주하는 기슭에 깊이 팬 절벽, 물 위로 쓰러넘어진 나무, 떠밀려온 나무들, 물 흐름이 빠른 강 언저리, 물이 깊이 고인 심연, 물을 에워싼 키 큰 나무, 작은 나무, 풀들, 그리고 끊임없이 지저귀는 새들의 소리다. 이곳은 자연스런 강의 작용이 만들어낸 변화무쌍한 요소들로 가득 차 있다(사진 2·10).

"중앙 유럽에서 더 이상 볼 수 없는 귀중한 풍경입니다. 본류에서 흐름을 개방하여 옛날 상태로 점점 되돌리고 있습니다." 이 일대를 관리하는 도나우 아우사의 안내자 바움가트너 씨는 자랑스럽게 설명한다. 이 풍경을 보고 있으면 '강은 숲을 필요로 하고 숲은 강을 필요로 한다.'는 말을 실감할 수 있다. 이곳이 바로 1만 ha의 넓이를 가진 도나우 아우 국립공원에서 가장 아름다운 범람원 생태계가 남아 있는 레겔스부룬(Regelsbrunn) 습지림이다. 빈(Wien) 시가지에서 차로 고작 15분 정도의 거리에 있다.

"이곳은 그야말로 수력발전 댐 안에 수몰될 뻔했습니다. 그것을 국민적인 반대운동 끝에 WWF가 사들였습니다."

당시 앞장서서 반대운동을 이끈 환경컨설턴트 알렉산더 진케 씨의 말이다. 1984년 정부의 하인부르크(Hainburg) 발전소 건설계획이 분명해지자 생태학자들을 선두로 맹렬한 반대운동이 들끓었다. WWF 오스트리아는 수몰예정지의 소유자인 백작과 교섭해서 강의 오른쪽 기슭 411ha를 사들이는 데 성공했다. 동물학자 콘라드 로렌쯔(Konrad Lorenz) 외에 많은 유명인사들을 끌어들이고 언론매체가 모두 지원에 나서면서 WWF의 매입운동에 12만 명이 기부를 하게 되었다. 그 결과 1986년 정부는 계획을 단념하고, 1996년에는 사들인 지역을 포함하여 1만 ha를 국립공원으로 지정하였다.

"NGO가 전문적인 지식을 익히고 하나하나 정부의 논리를 깨나가는 것이 정치적인 힘으로 연결되었다."고 말하는 진케 씨도 생태학자이다. WWF 범람원생태 연구소가 설립된 것은 이 운동의 연장선이었다.

유럽에서도 고양되어 있던 댐 반대운동을 하천정책의 변경으로 연결시키는 데 가장 성공한 곳은 빈이다. 여기에는 전문가와 시민, 그리고 국경을 넘은 NGO의 협력이 가장 큰 힘이 되었다. 이를테면 매입자금의 조달 같은 것이다. 1m²씩 사들여 나가는 것이긴 하지만 토지와 어업보상비 등을 합쳐서 700만 달러가 필요했다. 이 비용을 은행에서 대출받기 위해서 WWF 독일 대표가 보증을 서주었다는 에피소드도 있다. 자기 나라의 입장을 넘어서, 말하자면 유럽시민이 모두 단결하여 도나우 아우를 자연으로 다시 돌린 것이다.

자연이 나아가고 싶은 대로

그러면 자연으로 다시 되돌리는 작업은 어떻게 진행되었는가? 바움가트너 씨는 한마디로 말해서 "본류와 범람원의 지류를 다시 이어주는 것"이라고 한다. 먼저, 본류를 따라서 쭉 쌓아놓은 제방의 일부를 잘라 수문을 만들고 지류로 자유롭게 물이 들게 했다. 또한 제방을 따라 난 길은 군데군데 낮게 만들어 물이 흘러들 수 있도록 개조했다. 지류에 설치되어 있던 강기슭을 보호하기 위한 석벽을 제거하고, 여기저기 돌로 쌓아놓은 둑도 제거했다.

　이렇게 함으로써 지류의 수위와 그 힘이 늘면 물 흐름은 침식과 퇴사를 활발히 반복하여 굽이치고 싶은 대로 굽이쳐간다. 바움가트너 씨는 "자연이 스스로 길을 발견해나갈 수 있도록 하면 좋은 것이다."고 말한다. 하지만 하천공학 기술이 오랫동안 그런 자연의 힘을 방해해왔다. 도나우 강에서는 지류가 키우는 습지림도 '자연의 길'을 밟아나가기 시작했다. 예전에 잡종(hybrid) 포플러를 일정한 간격으로 심어 임업을 하던 숲에서는 곳곳에 포플러를 잘라서 햇볕이 들어올 구멍을 뚫어주자 아래에 풀이 자라나게 되었다. 쓰러진 나무는 쓰러진 대로 내버려두어 자연스럽게 자라는 것만 남는다. '자연의 도태'가 일어나는 것이다.

이처럼 다시 자연으로 되돌리는 일에 대해 예전에는 곱지 않은 시선으로 보던 정부가 WWF에게 실험적으로 실시해보게 하거나 조언을 얻기도 하는 점은 부럽기 그지없다.

그러나 국립공원으로 지정된 곳에서 그곳의 주인들이 새롭게 보상받은 것도 있다. 강 유역의 반은 어업이 금지되었지만 WWF가 사들인 어장도 있기 때문에 어민이나 지역주민과 함께 관리계획을 세우게 되었다. 처음에는 어로를 금지하는 데 대한 반대도 있고, 참여하도록 하는 것이 무척 힘들었지만 최근에는 변해가고 있다. 습지림에 물이 들어오는 것을 본 사람들은 어린 시절 물장구치던 일이나 아버지와 뱃놀이를 했던 일, 고기잡이했던 일 등을 추억하며 옛날의 상태를 가치 있는 것으로 생각하게 되었다고 한다. 사람과 자연 사이에 커다란 변화가 일어나고 있는 것 같다.

글 · 사진_ 호야노 하츠코(保屋野初子) / 2000년 2월

천혜의 강은 아름다운 도시의 조건

뮌헨

도나우 강 상류의 지류인 이자르(Isar) 강이 흐르는 뮌헨. 시 한복판에 자연에 가까운 강 풍경을 가진 공원이 있다. 이곳은 나체주의자들의 '비치'로도 알려져 있다. 독일 내에서도 자유로운 기풍이 강하다는 바바리아(Bavaria) 지방답다. 치수공사로 수로에 곧바로 연결된 부분은 될 수 있는 대로 자연에 가까운 모습으로 만드는 '이자르 계획'을 시가 추진하고 있다. 이른바 친자연공법인데, 시민의 요구사항을 빠짐없이 채택하고 있다. 강은 도시경관 속에서 가장 생명을 느끼게 하는 장소일 것이다.

빈

빈 시의 노력은, 자연이 사라졌음이 뚜렷해 보이는 도심에서도 강을 가까이하는 일이 얼마든지 가능하다는 것을 보여주고 있다. 치수면에서는, 수력 댐과 운하에 남김없이 이용되고 있는 옛 도나우 강 범람분의 물을 옆의 새 도나우에 담아두고 있다. 새로운 도나우는 유수지의 역할을 함과 동시에 시민들의 레크레이션 시설로도 이용되고 있다. 나아가 신·구 하천을 나누는 도나우 아일랜드는 거리속의 녹지대로 살려서 '물이 있는 도시'의 모습을 만들었다.

웨일즈의 생태 테마공원

_영국 CAT

CAT(Centre for Alternative Technology)는 끝없이 완만한 녹색 구릉이 이어지는 전형적인 영국의 농촌에 자리하고 있다. CAT는 화석연료와 화학제품에 의존하지 않는 생활기술, 곧 '얼터너티브 테크놀로지(Alternative Technology)'를 제창하고 작은 생활공동체로 출발한 지 약 30년이 되었다. 지금까지는 어린이부터 어른까지 놀면서 환경적인 사고를 익히는 '생태 테마공원(Ecology Thema Park)'으로 세계인한테 주목받고 있다.

런던의 유스턴(Euston) 역에서 버밍엄(Birmingham)까지 가서 어버디파이(Aberdyfi)행으로 갈아타고 맥킨레스(Machynlleth)에서 내리면 된다. 시간은 약 4시간 반 걸린다. 역 근처에 CAT행 버스가 있다.

자연에너지와 유기농업의 전시장

CAT는 처음부터 테마공원으로 만들어진 것은 아니다. 창설자 제럴드 모건 그렌빌(Gerald Morgan-Grenville) 씨가 1974년 초목이 무성한 슬레이트 광산의 폐광 터를 빌려 개인돈을 들이

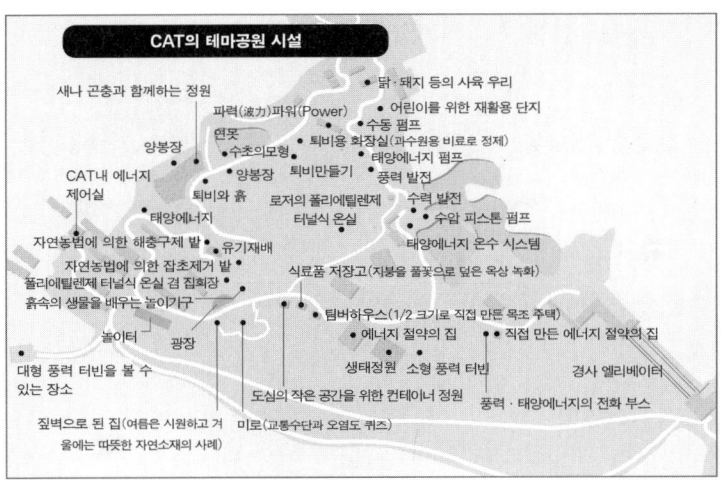

고 자원봉사자의 도움을 받아 '친환경적인 생활'을 실천하는 공동체를 운영한 것에서 출발하였다.

그렌빌 씨는 미국에서 머물러 살던 1960년대, 자연으로 돌아가자는 히피 운동(Hippie Movement)을 알게 되었다. 당시 영국과 미국에서는 자연적인 삶을 실천하기 위한 공동체 몇 곳이 생겨났다. 하지만 그는 이러한 운동에 공감하면서도 이상만 앞서고 실천적인 기술과 방법은 그에 미치지 못한다는 걸 깨달았다. 그가 화석연료와 화학제품에 의존하지 않는 '얼터너티브 테크놀로지'를 제창하고 CAT를 만든 것은 생태적인 생활을 지탱해주기 위한 기술과 노하우를 구체적으로 실현하는 데 목적이 있었다.

CAT는 전체 면적이 40에이커 정도이다. 이 가운데 '생태 테마공원'으로 일반에 공개되는 부분은 약 7에이커 정도이다. 나머지 공간은 숲, 과수원, 밭, 그리고 여기서 일하는 활동가들의 주거지다. 이곳은 처음부터 활동가들의 생활공간으로 만들어졌기 때문에 일반사람들에게 공개할 생각은 하지 않았다. 하지만 1975년에 엘리자베스 여왕의 부군 필립 공이 방문하여 사회적 관심을 끈 후에는 일부를 공개하면서 현재의 테마공원으로 발전하였다. 지금은 나라 안팎에서 연간 8만 명의 견학자들이 방문하고 있다.

테마공원을 크게 나누면 다음과 같다.
- 자연에너지, 이를테면 태양에너지, 풍력, 수력 코너와, 이 기술을 응용한 에너지 절약의 집
- 자연농법과 자급자족에 바탕을 둔 농업원예 코너
- 놀이시설

이렇게 세 개의 카테고리가 있고, 여기에 레스토랑과 가게, 안내소로 구성되어 있다. CAT의 기본이념은 흥미를 불러일으키고, 정보와 지식을 제공하고, 실현할 수 있게 하는 것이다. 요컨대 방문한 사람에게 생태적인 생활을 해보고 싶은 마음이 들게 하여, 적절하고 쉬운 노하우를 제공하고, 마음만 먹으면 곧 실천할 수 있게 지원하는 것이다. 이를 위해 전시시설은 대부분 실생활에서 사용되는 것을 재현해두고 관람객들이 직

사진 2·11_ 자연농법의 해충구제 방법을 보여주는 코너.

접 만져보고, 체험할 수 있도록 되어 있다. 예를 들면, 자연에너지 코너에 설치한 태양열발전과 수력발전의 모형은 관람객이 직접 체험하면서 자연에너지의 특징과 성능을 알 수 있게 되어 있다. 또, 유기농업 코너에서는 여러 가지 소재로 만들어낼 수 있는 퇴비들의 변화와 자연농법에서 해충구제 방법의 노하우 등도 실증적으로 관찰할 수 있게 되어 있다(사진 2·11).

자연에너지로 공원 내 모든 것을 충당한다
먼저 앞서 한 분류에 따라 자연에너지 코너를 보자. CAT 입구의 경사 엘리베이터는 인공연못에 고여 있는 물의 힘을 이용하여

사진 2·12_ 풍력발전기 코너.

운행하고 있는데, 좌우 두 대 사이에 균형작용과 중력을 합쳐서 활용되고 있다. 여기서부터는 모두 자연에너지로 충당되고 있다. CAT 안의 전력의 대부분은 수력에 의해 만들어지고 부족한 것은 풍력으로 보충하고 있다. 태양열발전은 PV(광전기·Photovoltaic)를 사용하고 있다. PV 가격이 싸진 10년 전쯤부터 이 발전방식의 개발이 추진되었다. 감광성이 강한 PV는 2~3분마다 태양의 위치를 감지하고 판넬의 각도를 바꾸어 발전효율을 최대로 높인다. 일조시간이 적은 영국 전역에서 이 발전방식이 채용되면 연간 전력소비량의 15%를 충당할 수 있다고 한다.

'바람 전시관'이라고 하는 풍력발전 코너에서는 50w용의 포터블 크기(portable size)부터 중형기까지 여러 가지 형태가

사진 2·13_ 다면체 구조의 온실.

모아져 있다(사진 2·12). 풍력발전기 인근 언덕 위에는 한 대로 CAT뿐만 아니라 듀라스 밸리 지구 전체의 에너지를 공급할 수 있는 능력을 가진, 중량 7톤의 15kw급 대형 풍력발전기까지 있다. 이곳에서 발전된 전기는 모두 제어실로 보내진 다음에 배전된다. 남는 전기는 배터리에 축전한다든가 물을 데우는 데 사용된다. 하지만 몇 년 전부터는 전력회사로 가는 송전 시스템을 설치하여 남는 전력을 판매할 수 있게 되어 있다.

자연농법

다음은 자연농법에 대해서 알아보자. CAT 자리는 슬레이트 광

사진 2·14_ 레스토랑.

산 터였기 때문에 자연토가 아니지만, 슬레이트 조각과 퇴비를 섞어넣어 유기농 원예에 이용하고 있다. 이 노하우는 마당이 없는 좁은 도회지에서도 할 수 있는 가정원예부터 자급자족하는 농원에 이르기까지 응용할 수 있다. 온실은 다면체 구조로 되어 있다(사진 2·13). 이 다면체 구조는 열효율은 그대로지만 표면적을 가장 작게 하는 효과가 있다. 온실 안에는 물의 흐름과 식물을 이용해 물을 재활용할 수 있는 시스템이 있고, 활동가들의 식사와 레스토랑 등 CAT 안에서 소비되는 채소도 기르고 있다.

레스토랑에서는 공원 안에 있는 밭에서 자연농법으로 재배한 신선한 채소를 비롯해 무농약과 유전자조작을 하지 않은 재료들을 쓰고 있다. 신선한 샐러드와 야채수프, 파스타와 쌀을 이용한 음식이 갖춰져 있고 가격도 싸다(사진 2·14). 마실 것으로는 각종 허브차와 커피 대용으로 보리나 죽순 음료도 있다.

활동가들의 생활에 쏠린 관심

방문한 사람들이 한결같이 관심을 보이는 것은, 이런 시설보다도 공동체에서 생활하고 있는 활동가들의 일상생활과 인간관계인 듯하다. CAT의 운영과 유지는 1974년 처음 시작할 때부터 공동체 성원, 곧 전임 활동가들에 의해 이루어지고 있다. 그들은 건축가, 엔지니어, 생물학자, 조경·원예가, 디자이너, 교육자, 녹색관광에 종사하는 각 분야의 전문 활동가(약 30명)이며, 장·단기 자원봉사자도 함께하고 있다. 시대가 변함에 따라 공동체의 모습은 예전과 같은 생활공동체에서 훨씬 완화된 유대관계로 넘어가고 있지만, 여전히 공동체 성원들 모두가 모여서 함께 식사를 하는 풍경은 변함이 없다.

점심은 공원 안에서만이 아니라 밖에서 거주하고 있는 활동가들이랑 자원봉사자들도 테마공원 한가운데 있는 커뮤니티 하우스(Community House)에서 왁자지껄 떠들며 함께 식사를 즐긴다. 요리는 성원들이 교대로 담당하기 때문에 2~3주에 한 번 정도 당번이 돌아온다. 채소류는 직접 재배한 신선한 것들을 사용하고, 부족한 양은 한꺼번에 주문하여 조리하기 때문에 에너지와 재료비뿐만 아니라 시간까지 절약하게 된다.

사진 2·15_ 에너지 절약의 집.

연간 전기료가 한 사람당 1.8파운드밖에 안 돼

공동체 주택이 있는 단지는 일반 방문객들이 출입할 수 없다. 집은 모두 태양열·풍력·수력 시스템을 도입하고 있다. 몇몇 집은 지붕 위에 흙을 깔고 풀꽃을 심어 온도를 일정하게 유지하는 구조인 옥상 녹화를 통해 에너지를 유지, 보존하는 지혜를 실천하고 있다(사진 2·15). 집 안은 대개 거실과 침실로 쓰는 방 두 개 정도로 작다. 욕실과 화장실은 공동으로 야외에 설치되어 있는데, 배설물과 배수는 독자적인 하수처리 시스템으로 흘려보내서 고형물은 과일나무와 관목용 거름으로 쓴다. 물론 먹는 채소에는 사용하지 않는다. 그리고 수분은 짚이나 풀로 정화하여 다시 이용하고 있다.

그렇다고 해서 옛날로 돌아가 불편한 생활들을 하고 있는 것은 아니고 텔레비전과 세탁기를 비롯해 전기제품들도 사용하고 있다. 다만, 개개인이 정말로 필요한 것인지 어떤지를 비판하고, 또한 불필요한 스위치를 내려 에너지 낭비를 막는다.

공원 안에서 소비되는 대부분의 전력은 수력발전을 이용하고 부족한 부분은 태양열과 풍력으로 충당하고 있다. 물론, 자연에너지이기 때문에 갑작스런 상황에 대비해서 디젤 발전기도 갖추고 있다. 하지만 연간 디젤 사용량은 전체 에너지 소비량의 1%를 넘지 않는다. 게다가, 거주단지의 연간 전기요금은 1인당 1.8파운드라고 한다. 영국에서 일반인들이 연간 지불하는 전기요금은 1인당 약 240파운드라고 하니 절약 효과는 매우 두드러진다.

방문객들이 에너지를 절약하는 생활을 경험하고 싶다면, 공원 안에 있는 숙박시설인 생태 오두막을 이용하면 된다. 오두막은 넓은 과수원과 채소밭, 그리고 산을 내려다볼 수 있는 곳에 있다.

최근 2, 3년 전부터 취재와 시찰을 하기 위해 일본에서 온 견학자도 늘고 있다. 지방자치단체와 전문가를 위해서는 특별히 상담을 하는 경우가 많다. 상담과 노하우의 제공은 CAT가 힘을 기울이고 있는 서비스의 하나인데, 영국에서는 지금까지 보디숍(Body shop), 내셔널 트러스트(National Trust) 요크셔(Yorkshire) 지부, 지방자치단체, 카디프(Cardiff) 대학, 브리티시 레일(British Rail) 등이 고객으로 이름을 올려놓고 있다.

건축가이자 CAT의 책임자인 로저 케리(Roger Carey) 씨는 1997년 일본을 방문하여 센다이(仙台) 시의 도시계획 회의에도 참석한 적이 있고 일본과 접촉도 많다. 일본에서 CAT 이념을 살린 테마공원 건설에 큰 기대를 보이고 있으며, 현재는 프랑스 남부의 에코 빌리지(Eco-village) 건설계획에 착수하고 있다.

글_ 이와노 레이코(岩野礼子) / 사진_ 누마타 마리(沼田眞里) / 1999년 7월

납 제련기술을 살려 재활용 산업을 일으키다

_우그이스자와 정

1100년의 역사를 자랑하는 호소쿠라(細倉) 광산도 1987년 폐광되었다. 그러나 폐광 후 광산 터에서 새로운 납 재활용 사업이 이루어지고 있다. 인구가 줄어들어 고민하던 이 고장 주민들이, 납 제련의 뛰어난 기술을 살려서 가전제품 재활용 사업에 뛰어들고자 기업과 행정당국의 손을 잡고 일어선 것이다.

가전제품 재활용 사업의 창구를 노려

농촌지역을 지나가는데 갑자기 갈색 산이 나타난다. 바위에 달라붙듯이 여러 가지 시설이 들어서 있고, 하늘을 찌를 듯 굴뚝이 불쑥 솟아 있다(사진 2·16). 웅웅거리며 기계음이 낮게 울린다.

여기는 미야기(宮城) 현 쿠리하라(栗原) 군 우그이스자와(鶯沢) 정이다. 센다이(仙台)에서 북쪽으로 약 80km 거리에 있고, 남서쪽으로는 수려한 위용을 자랑하는 쿠리코마(栗駒) 산을 바라보는 인구 약 3200명의 작은 고장이다. 이 지역은 멀리 9세기 중엽에 발견된 납, 아연광산과 함께 발전해왔다. 고도경제성장기에는 호소쿠라 지구에 있는 광산이 활기를 띠게 되어 우그이스자와는 주변 일대의 경제문화 중심지로 번성했다.

사진 2·16_ 호소쿠라 광산.

사진 2·17_ 고물 배터리가 모아져 있다.

소극장과 영화관에는 인기 있는 흥행물이 걸리고 광산에 직장을 구하는 사람들로 한때는 인구가 약 1만 3000명을 헤아리게 되었다. 그러나 빛이 있는 곳에 그림자가 있는 것이 세상의 이치다. 광산노동자가 진폐증으로 병들거나 농지가 카드뮴으로 오염되는 등 어두운 그림자가 드리우고 있었다.

"그래도 그 당시 이 고장에는 활기가 넘쳤기 때문에 공해보다도 혜택이 더 많다고 대부분의 사람들이 느끼고 있었던 것은 아닐까요? 어쨌든 설마 폐광이 되리리라고는 아무도 상상하지 못했습니다."

호소쿠라 지구에 살고 있으며 이 지역 여성단체의 지도자인 이치카와 가즈코(市川和子) 씨는 그 당시가 그리운 듯이 말했다.

그러나 그 후 엔고 불황(円高不況)으로 광산경영은 호된 타격을 입었고, 1987년에 제련 부분만 남기고 폐광하지 않을 수 없었다. 그러자 기간산업을 잃어버린 이 고장은 급속히 인구가 줄고, 고령화가 진행되었던 것이다.

우그이스자와는 재생의 활로를 관광에서 찾으려고, 1990년 폐광된 광산의 갱도를 이용한 '호소쿠라 마인 파크(細倉 Mine Park)'를 개발했다. 처음에는 연간 약 24만 명의 관광객을 모았지만 점점 관광객이 떨어져 '관광의 정(町)'으로 내건 재활의 길은 어렵게 되어갔다. 이때 우그이스자와에 하나의 계기가 찾아왔다. 1993년 통상산업성이 광산 제련시설을 활용하여 비철금속 재활용을 추진하는 '재활용 마인 파크 구상'을 내놓았고, 우그이스자와가 그 모델 지역으로 뽑힌 것이다.

호소쿠라 제련소에서는 이미 폐광되기 전인 1977년부터 사용이 끝난 납축전지의 재활용 사업에 손을 대고 있었다. 폐광이 된 후에는 수입 광석을 원료로 한 제련사업보다 고물 배터리의 재활용률이 높아지면서, 현재는 한 달에 2600톤의 고물 배터리에서 1300톤의 납을 재생하기에 이르렀다(사진 2·17).

납의 처리·재생 사업의 실태를 전국적으로 살펴보면, 사실 호소쿠라 제련소처럼 광산의 부속시설이 아니라, 산업폐기물 처리업자가 처리하고 있는 경우가 훨씬 많다. 그러나 완성된 재생 납의 순도와 품질뿐만 아니라 폐산(廢酸)과 카라미(제련으로 나오는 폐기물)의 무해화, 재이용화 등과 같은 환경대책에서도 전자 쪽이 앞서고 있다. 이런 뛰어난 기술을 2001년 가전 재활용법 시행에 맞춰 살려내고 싶은 것이다.

1997년에 호소쿠라 제련소의 모회사인 미츠비시(三菱) 머티어리얼은 우그이스자와 정에 이 고장에서 고물 가전제품 재활용 사업을 하고 싶다는 뜻을 전했다. 마침 정에서는 '환경과 공생'을 주제로 한 마을 만들기를 검토하던 중이었다. 그때 날아든 가전제품 재활용 공장 설립이라는 제안은 '환경 고장 만들기'의 핵심이 되었다. 우그이스자와 정장 쿠즈오카 시게토시(葛岡重利) 씨는 그때 일을 다음과 같이 회상한다.

"광산 터에 남아 있는 제련소와 그 기술은 우그이스자와의 귀중한 자원이고 재산입니다. 세금을 털어넣어서 새로운 일을 만들 것이 아니라, 있는 것을 살려서 마을을 복구할 좋은 기회라고 생각했습니다."

정의 기본방침은 정해졌다. 다음 과제는 주민과 합의를 어떻게 이루어낼 것인가였다. 기업에서 제안을 받은 주민들은 마음이 흔들렸다.

강과 대지가 오염되어 겪었던 아픈 기억이 쉽사리 잊혀지는 것은 아니었다. 게다가 '다른 곳에서 나온 고물들을 구태여 여기까지 가져와서 더러운 쓰레기더미를 만들 것인가.' 하는 신랄한 의견도 나왔다. 하지만 가전제품 재활용 공장이 들어서면 일자리가 늘어나 도회지로 떠난 자식들이 돌아올지도 모른다는 절실한 마음을 이야기하기도 했다.

사업을 추진하는 데 있어서 미츠비시 머티어리얼이 전제로 한 것은, 계획단계부터 정보를 공개하고 주민들을 참여시키는 것이었다. 그래서 1997년 7월 주민들 서로가 솔직하게 털어놓고 사업을 추진하는 쪽으로 합의를 이루기 위해 주민대표 300명으로 구성된 재활용기업 입지검토 위원회를 발족하였다. 한 달에 한 번 정도 열린 위원회에서는 주민이 의심스럽게 생각하는 점과 불안하게 느끼는 점에 대해서 철저한 질의와 응답이 이루어졌다. 또, 재활용 공부모임도 하고 다른 현에 있는 재활용 시설도 견학했다. 이러한 것들이 쌓이면서 처음에는 씻어지지 않았던 기업에 대한 주민들의 불신감이 차츰 누그러지고 마음의 거리도 좁혀졌다고 한다.

이듬해인 1998년에는 주민과 기업과 행정당국에서 각각 대표자를 내보내 18명으로 구성된 공동위원회를 발족했다. 입장이 다른 사람들끼리 대등한 관계에서 자유롭게 의견을 교환하고 의논하며 공통의 목표를 향해 손잡고 나가는 것에 그 목적이 있었다. 두 차례 위원을 지냈던 이치카와 씨는 다음과 같이 말한다.

"처음에는 기업이 앞에 나섰기 때문에 주민들이 수동적인 입장이었을지도 모릅니다. 그래도 그것을 계기로 주민들도 반대만을 부르짖는 것이 아니라 구체적인 제안을 하게 되고, 점차 '마을 만들기'에 참여한다는 의식이 높아졌던 것 같습니다."

이를테면, 이치카와 씨가 나가고 있는 여성단체의 1999년 테마는 '쓰레기 다이어트'였다. 가전제품 재활용 사업과 직접 관계는 없지만, 1년간 가정에서 나오는 쓰레기를 어느 정도 줄일 수 있을지, 먼저 자기 주변에서 실천해보자는 것이었다. 그 과정에서 우그이스자와 정에서는 아직 분리수거하지 않는 페트병이 화제로 올랐다. 이치카와 씨가 속한 단체에서 이것만은 꼭 어떻게 해봐야겠다 싶어 행정당국에 건의하기도 했다.

이렇게 해서 환경문제 전반에 걸친 지식과 납 제련기술을 살린 가전제품 재활용 사업에 대한 주민들의 이해가 조금씩 높아져갔다. 환경의 정 만들기 추진실의 다카하시 쥬이치(高橋壽一) 씨는 "공부모임을 해나가는 가운데 재활용에 대한 이해가 깊어지고, 현재는 조건부이긴 하지만 약 80%의 주민이 가전제품 재활용 공장 설치에 찬성하고 있다."고 말한다.

사진 2·18_ 브라운관 해체 시범공장.

광산의 고장에서 에코 타운 선언으로

1999년 10월, 미츠비시 머티어리얼은 텔레비전 브라운관 해체 시범공장을 가동시켰다(사진 2·18). 옛 중학교 체육관을 이용한 시범공장에는 초·중학생을 포함하여 주민 500명이 견학하기 위해 방문하였다.

　　브라운관 뒷부분에는 납유리가 사용된다. 하지만 텔레비전이 어떤 소재로 만들어지는지 아는 사람은 거의 없다. 분해공정을 직접 본 어린이들은 텔레비전이 얼마나 많은 부품으로 이루어지고, 버려진 뒤에도 얼마나 손이 많이 가는지 알게 되었을 것이다. "어린이들에게 아주 어렸을 때부터 재활용이나 지구환경에 대해 자연스럽게 생각하도록 하는 기회를 만들어주고 싶습니다." 하고 다카하시 씨는 말한다. 정에서는 시범공장에서 마인 파크로도 사람이 이어질 수 있게 환경과 관광을 하나로 묶는 체험학습에 관한 기획도 세우고 있다.

이러한 흐름 속에서 우그이스자와 정은 미야기 현과 공동으로 에코 타운 계획을 세웠다. 그것은 크게 세 단계로 나눌 수 있다. 처음 단계는 가전제품 재활용 공장을 중심으로 환경조화형 지역 모델을 형성한다. 이어서 이것을 널리 전개해나가고 지역산업으로 파급효과를 도모한다. 그리고 세 번째 단계는 새로운 환경조화형 산업을 창조하고 지역에서부터 퍼뜨려나가는 것이다. 이런 시도는 국가의 기대를 받고 있다. 1999년 11월 우그이스자와 정은 에코 타운 사업(통산성과 후생성이 연계하여 창설한 '환경 거리 만들기' 계획)의 지역승인 지정을 받은 것이다.

"앞으로 '마을 만들기'는 다만 가만히 앉아서 보조금이 내려오기만 기다리고 있어서는 안 됩니다. 주체적으로 이런 마을을 만들고 싶다는 명확한 의사를 국가에 전달하고 보조금을 활용해 나가려는 기개를 갖고 임해야 할 것입니다. 거기에서 진짜 지방분권이 시작될 것이라고 생각합니다."

쿠즈오카 정장의 이야기는 믿음직했다.

"이런 작은 고장이 공해의 역사를 넘어서 에코 타운을 선언하고 인정을 받았습니다. 이것은 주민들한테 커다란 자긍심과 자신감을 주었습니다." 다카하시 씨도 이치카와 씨도, 입을 모은다.

시범공장을 견학한 어린이들이 어른이 되었을 때 재활용 산업과 그와 관련된 사업이 이 고장에 뿌리를 내리고 고용의 기회도 많아져서, 청년들이 도회지로 나가지 않아도 되게 하고 싶다. 그리고 고향을 사랑하는 것과 똑같은 마음으로 지구를 사랑하는 사람이 되도록 하고 싶다. 지방의 작은 정에서 재활용 사업과 에코 타운 계획에 관련된 모든 사람들의 진실한 소망은 여기에 있다.

글_ 나카무라 가즈코(中村數子) / 사진_ 요코즈카 마코토(橫塚眞己人) / 2000년 3월

풍력발전의 중심지가 되다

_타치카와 정

일본 3대 악풍(惡風)의 하나인 '키요카와 다시(清川だし)'에 오랫동안 시달려온 타치카와(立川) 정이 거꾸로 그 바람을 이용하여 마을을 일으켜세우는 데 노력해왔다. 1993년에 약간 높은 언덕 위에 세워진 풍차 3대가 이 고장의 상징이 되어 지금은 풍력발전 사업으로 발전했다(사진 2·19). 지방의 정이 실천함으로써 차세대 그린 에너지의 가능성을 보여주고 있다.

'관광' 풍차에서 '에코' 풍차로

야마가타(山形) 현의 북서부. 쇼나이(庄內) 평야가 끝없이 펼쳐져 데와(出羽) 구릉의 산과 만나는 땅에 쌀농사를 주로 하는 농촌지역이 타치카와 정이다. 그 타치카와 정을 향해 차를 타고 가다 보면 맨 처음 눈에 들어오는 것이 논 한가운데 우뚝 선 4기의 풍차다. 이 풍차들은 옛날 동화 속 이미지 같은 한가로운 조형물이 아니다. 높이 46m의 원통 꼭대기에 커다란 날개가 3개. 거대한 전봇대처럼 당돌하게 논 가운데 서 있는 모습은 마치 현대미술의 오브제를 보여주고 있는 것 같다.

인구 7500명의 작은 마을인 타치카와 정은 풍력발전의 첨

사진 2·19_ 3대의 심볼 풍차.

단지로 요 몇 년 사이 주목을 받기에 이르렀다. 풍력발전은 차세대 청정에너지로 그 가능성이 재인식되고 있다. 하지만 일본의 시도는 국민들의 의식을 비롯해 설비 또한 미흡한 점이 많다. 이러한 까닭에 실제로 공급되려면 넘어야 할 장애물이 많이 있다. 이런 현실 속에서 타치카와 정이 추진하고 있는 시도는 앞으로 일본에서 의미 있는 풍력발전의 미래상을 찾아가는 데 중요한 좌표가 될 것이다.

    발단이 된 것은 에도 시대부터 이 고장 사람들을 괴롭혀온

'키요카와 다시'라는 강풍이다. 다시(だし)란 가늘고 긴 협곡을 통해 육지에서 바다로 부는 바람을 일컫는다. 자연은 한편으로는 아름다운 풍경을 보여주면서도 다른 한편으로는 인간에게 혹독한 생활환경도 가져다준다. 높은 적설지대인 타치카와 정은 계절을 가리지 않는 그 혹독한 자연과 공존할 길을 계속 찾아왔다.

'에콜로지'라는 말이 지금처럼 널리 쓰이지 않았던 1980년대 초, 타치카와 정은 과학기술성이 실시한 풍력발전의 실험지가 되었다. 오일쇼크를 경험하고 난 뒤 바람에 의한 에너지 개발의 첫걸음으로 작은 풍력발전기를 타치카와 정에 설치했지만, 당시에는 기술이 부족하여 계획이 도중에 중단되고 말았다. 타치카와 정이 바람에 걸었던 기대도 일단 식었다.

그런데, 1985년 타치카와 정장에 취임한 다테바야시 시게키(舘林茂樹) 씨가 이번에는 '에너지 문제'가 아니라 '마을의 활성화'라는 관점에서 '바람'을 다시 부각시켰다.

"주민의 고령화와 앞날이 보이지 않는 농림업으로 타치카와 정도 다른 농촌이나 산촌과 비슷한 과제를 안고 있습니다. 이것을 조금이라도 해결하기 위해 생각해낸 것이 '바람으로 마을 일으키기'입니다. 바람의 상징이 될 만한 풍차를 세우고 관광객을 끌어모으려 한 것입니다."

시대는 거품경기를 맞고 있었다. 각 지역에 테마공원, 미니 테마공원이 생기고, '마을 일으키기' 기운이 한꺼번에 고양된 시기다. 1988년에는 다케시타(竹下) 내각이 주었던 '고향 복

사진 2·20_ 윈돔 타치카와.

구비 1억 엔'도 받았다. 타치카와 정에서는 이것을 기초로 관광자원이 되는 풍차와 '풍차마을'을 건설하기 시작했다.

"그때는 어쨌든 거리를 만들어 관심을 끌고 싶은 마음이 앞섰지, 생태적인 발상은 없었다."며 다테바야시 정장은 쑥스러운 듯 웃음을 짓는다. 여기까지는 전형적인 거품경제 시대의 이야기다.

그런데 계획을 추진하는 가운데 풍차개발 기술이 예전보다 훨씬 좋아진 것을 알게 되었다. 그래서 한 기에 100kw짜리 미국산 풍차를 3기 수입하여 다시 정 전체가 풍력발전에 온 힘을 쏟기로 결정했다. 여기에서 '마을 일으키기'의 축은 관광에서 생태환경 쪽으로, 곧 실효성이 더 높은 쪽으로 방향을 바꾸어 나갔다.

    1995년 정에서는 400kw 풍차 2기, 그 후 600kw 풍차 2기를 덴마크에서 수입하여 평야지대에 설치하였다. 이것이 저절로 방문자의 눈길을 끌어당기는 풍경이 된 것이다. 풍차를 설치하기에 앞서서, 1994년에는 이 고장에서 홋카이도(北海島) 에리모(えりも) 정 등 전국에서 바람을 테마로 '마을 일으키기'에 손을 댄 12개의 시·정·촌(市町村)을 모아 '전국 바람 서미트'를 개최하였다. 다음해에는 풍차마을의 인근 지역에 집회의 거점이 되는 돔인 '윈돔 타치카와'도 완성되었다(사진 2·20). '바람'이라는 낱말과 함께 작은 마을의 지명도는 점점 높아져간다.

    다테바야시 정장은 "일조조건이 불리한 동해 쪽은 태양열발전보다 풍력발전 쪽이 가능성이 높다."며 모가미(最上)천으로 이어진 시·정·촌에도 연대를 요청하고 있다. "2005년까지는 정 안에서 소비하는 모든 전력을 풍력으로 충당하고 싶다."는 것이 다테바야시 정장을 비롯한 정 전체의 의욕에 찬 생각이다.

가까운 데서부터 생태적인 생활을 모색

다만, 이러한 노력을 해나가는 가운데 풍력발전이 가진 과제도 알게 되었다. 풍력발전은 화석연료를 사용하지 않고 유해한 폐기물을 배출하지 않는다는 점에서 청정에너지로서 가치가 크다. 하지만 토지 자체의 바람이 발전에 적합한 것이 아니라면 무용지물이 되고 만다. 풍력발전은 바람이라는 자연의 힘이 안정적이지 않다는 게 약점이다. 강풍으로 천혜의 조건을 갖춘 타치카와 정도 건설지를 책정하는 데는 꼼꼼하게 사전조사를 했다. 나아가 건설 예정지에는 도로와 송전에 필요한 고압선 등의 제반 설비가 필수이다. 또한 풍력발전기 한 기의 가격보다 기반을 정비하고 유지, 관리하는 데 더 많은 경비가 든다.

타치카와 정에서는 1999년 12월에 600kw의 덴마크산 풍차를 2기 더 증설할 예정이다. 이 공사가 완료되면 풍력발전기의 총 출력량은 3500kw가 된다. 그러나 전체 전력을 모두 충당하려면 그 4배인 1만 2000kw가 필요하다고 한다.

다테바야시 정장이 강조하는 것은 청정에너지에 대한 의식강화이다.

"'정의 전력을 풍력으로'라는 생태적인 이상을 담은 슬로건을 내세워 일을 추진하고 있지만, 풍력발전에 따른 주민들의 직접적인 이익은 발전한 전기를 전력회사로 파는 것입니다. 우리들은 그 돈을 투자금 회수에 충당하거나, 행정에 필요한 자금으로 쓰고 있습니다. 그렇기 때문에 국가와 전력회사가 풍력으로 생산한 깨끗한 전력을 적극적으로 사들여주는 시스템이 필요합니다. 정에서는 풍력발전의 실적을 높여가면서 이런 점들을 여러 방면으로 제안하고 싶습니다."

정장은 청정에너지의 제안뿐만이 아니라 음식물 쓰레기 재활용이나 과잉포장 폐지 등, 인구 7500명의 정이라서 가능한 생활 속의 가까운 일부터 생태적인 생활을 모색한다.

이러한 행정의 자세에 발맞추어 시민의 편에서 내다보는 지역의 미래상을 그리고 있는 사람들이 타치카와 사키가케 쥬쿠(立川魁塾) 회원들이다.

이 쥬쿠는 정이 주최한 '마을 일으키기' 강좌의 수강생들 약 60명이 모여 1994년에 깃발을 올린 NPO이다. 그해 타치카와 정에서 개최한 제1회 '전국 바람 서미트'는 회원들이 자비를 써가며 실행위원을 맡았다.

출범 때부터 단체의 대표를 맡은 사람이 우체국 직원인 카도와키 젠로쿠(門脇善六) 씨다. 카도와키 씨는 예전 고도성장기에 동경에서 11년간 살면서 고향 자연의 가치를 실감하였다. 서른 살에 타치카와 정으로 돌아온 뒤에는 고향 유지가 되어 '반딧불이 마을 만들기'와 전국의 농촌·산촌과 교류하기 등의 일을 했다.

목수, 농부, 공무원, 주부 등 20대에서 40대까지 모인 쥬쿠에서는 현재 정의 자연자원을 살린 그린(푸른 숲) 투어리즘과 화이트(하얀 눈) 투어리즘, 그리고 새로운 특산품 창출 등을 추진하여, 경제적인 자립과 함께 농촌에서 사는 즐거움과 가치를 제창하고 있다. 회원들이 공통으로 가지고 있는 생각은 정의 아름다운 자연환경을 지키고 싶다는 것이다.

"타치카와 정이 '환경원년'이라고 할 만큼 풍력발전을 이 고장의 내세울 점으로 삼겠다면, 우리도 함께해야 하지 않을까 싶습니다. 때문에, 풍력발전도 행정당국에만 맡겨둘 것이 아니라 시민들이 출자해서 운영하는 일정한 구역을 마련해야 하지 않을까 생각하고 있습니다." 시민들이 앞장서서 추진하는 청정에너지에도 적극적인 카도와키 씨의 말이다.

관광유치의 상징이었던 타치카와 정의 풍차, 그것이 지금 생태라는 새로운 축을 얻어 더욱 설득력 있는 지역의 미래를 밝혀주고 있다.

글_ 아오노 유미(淸野由美) / 사진_ 타카노 아키라(鷹野晃) / 1999년 11월

03
도시계획으로 환경수도를 꿈꾼다

'녹색개혁'의 선구자

_브라질 꾸리찌바

지구환경 문제가 세계적 관심거리가 되는 계기가 된 1992년 '지구환경회의'는, 개최국 브라질의 한 도시를 세계에 널리 알렸다. 브라질 남부 상파울루(São Paulo) 시에서 남서쪽으로 약 350km 떨어진 곳에 자리잡고 있는 꾸리찌바(Curitiba) 시는, 30년에 걸친 도시계획을 기본으로 독자적인 재활용 사업과 교통 정책에 있어서 제3세계 가운데 환경정책이 가장 발전한 도시이기도 하다.

시민에게 재활용 의식을 심어준 '녹색교환'
수요일 오전 9시, 꾸리찌바 시 교외의 공터에 '쓰레기라도 쓰레기가 아니다'라고 크게 써놓은 녹색 트럭 세 대가 서 있다. 트럭 앞에는 주민들이 30명 정도 늘어서 있는데, 공사현장에서 사용하는 손수레와 작은 리어카에 철물조각, 페트병 등 재활용할 수 있는 쓰레기를 쌓아놓고 있다(사진 3·1).

    사람들은 차례로 트럭 앞에 있는 녹색 작업복을 입은 시 직원들에게 쓰레기를 건네준다. 시 직원들은 작은 저울로 건네받은 쓰레기의 무게를 달아 5kg당 한 장의 티켓을 나누어준다.

사진 3·1_ '녹색교환'에서 쓰레기를 가지고 늘어선 사람들.

티켓을 받은 사람들은 당근이나 양배추, 바나나 등의 채소류가 쌓여 있는 옆 트럭 앞에 다시 줄을 서서, 티켓 한 장당 1kg의 채소를 받아 집으로 돌아간다(사진 3·2). 할머니와 둘이서 손수레를 끌고 온 남자아이는 막 받은 바나나가 좋은 듯이 웃는다.

이것은 '녹색교환'이라는 꾸리찌바 시의 사업 풍경이다. 저소득층이 살고 있는 교외를 중심으로 55군데를 시의 트럭이 돌아다니며 15일마다 주민들이 모은 재활용 쓰레기를 채소나 달걀 등으로 바꿔주고 있다. '녹색교환'은 저소득층을 위한 생활지원과 재활용의 중요함을 일깨워주는 계몽활동을 겸한 사업이기도 하다.

이 날 트럭부대가 방문한 오스테르나크(Osternak) 지구

3. 도시계획으로 환경수도를 꿈꾼다   153

사진 3·2_ 재활용품 5kg을 야채 1kg으로 바꿔준다.

도 저소득층이 많은 지역이다. 줄지어 서 있는 사람은 허름한 티셔츠에 샌들을 신은 사람이 대부분이었다. 초·중학교에서 재활용 교육에 힘을 쏟고 있는데다 아이들이 쓰레기 모으는 일을 맡고 있는 가정이 많아서, 행렬 중에는 혼자서 손수레를 끌고 온 아이들도 많이 보였다.

30분 사이에 줄은 점점 길어져서 100명 정도가 늘어섰다. 약 1시간 만에 4톤 트럭이 재활용 쓰레기로 가득 차자 주차되어 있던 세 번째 트럭으로 교대했다. 트럭 옆에는 담당직원인 뻬드로 레이널드 씨가 서 있었다. 그의 말에 따르면, 1989년에 이 사업이 시작되자 쓰레기에 대한 사람들의 반응이 크게 달라졌다. 지금은 주민들의 생활향상에 도움이 되니까 '트럭을 우리 마을에도 보내주면 좋겠다'는 요청이 쇄도하고 있지만 모두 응해줄 수 없는 형편이라고 한다.

도로가 좁아 쓰레기 수거차가 들어갈 수 없는 슬럼(slum)가에서도 재활용 쓰레기를 슬럼가 입구까지 가지고 나오면, 그 대가로 채소를 나눠준다. 이 사업을 하고 나서 슬럼가에서는 방치되었던 쓰레기 때문에 병에 걸리는 주민도 점점 줄어들었다.

꾸리찌바 시에서 수거된 쓰레기 중 확실하게 분리되어서 수거되는 것은 40% 정도이다. 이 분리수거된 쓰레기의 반 정도가 '녹색교환'에 의한 것이다. 상파울루 등 다른 대도시의 재활용 비율이 한 자리대에 머물러 있는 것에서 보면, 꾸리찌바의 쓰레기 수거는 큰 성과를 올리고 있다고 할 수 있다.

채소 구입비와 재활용품의 매출 차액은 시에서 부담한다. 하지만 재활용에 따른 쓰레기의 감량으로 매립지의 유효 사용기간이 늘어나고, 사람들이 자기 동네를 깨끗이 유지하기 때문에 시의 청소비도 줄어 시 재정에도 긍정적인 효과를 낳고 있다. 꾸리찌바 시는 이 사업으로 1990년 유엔환경계획(UNEF)상을 받는 등 국제적으로도 높이 평가받고 있다.

이 프로젝트뿐만이 아니라 꾸리찌바 시의 특색 있는 정책으로는, 환경 개선과 저소득층 지원을 보기 좋게 양립시키고 있는 것이 많다. 예를 들어, '시민 리어카'라는 사업도 그 중 하나다. 저소득자들 가운데 리어카를 끌고 도시를 돌면서 폐지를 수집하여 생계를 이어가는 사람들이 많은데, 폐지 유통업자들에게 싸게 파니 생활고는 계속되는 것이다. 그래서 1995년부터 시에서 직접 폐지를 사들이기로 했다. 이렇게 해서 폐지 수집에 종사하는 사람들끼리 조합을 결성하고, 시에서 나눠준 오렌지색 조끼와 모자를 착용하며, 리어카에도 등록번호를 달게 되었다. 이 사업은 폐지수거 업종에 종사하는 사람들에게 안정적인 수입과 일에 대한 자부심을 가지게 해주었다.

비바람을 맞지 않고 일을 할 수 있도록 시 중심가에 전용 부스를 설치해준 '구두닦기 프로그램'도 같은 발상에서 나온 것이다. 또, 불법영업을 하는 노점상들에게 동업자조합을 설립할 것을 장려했다. 그리고 조합을 통해서 무허가영업을 그만두게 하는 대신 도로가의 공터를 시에서 지정해 영업을 할 수 있게 해주었다. 또한 시 중심부에 체육관 같은 공영시장을 만들어 노점상들이 쓸 수 있게 한 사업도 진행하였다.

'녹색교환' 대상지역에는 농촌에서 꾸리찌바 시로 흘러들어온 가난한 사람들이 많다. 몇 년이 지나 많은 주민이 직장을 찾고 생활이 안정되어 소득수준이 높아지면 그 지역은 대상지역에서 뺀다. 꾸리찌바에는 계속 새로운 사람들이 들어와 시가지가 커지고 있다. 하지만 시에서는 무엇보다도 가난한 사람들이 사는 지역을 지원하기 위해 정기적으로 대상지역을 점검하고 있다.

사진 3·3_ 큰길의 중앙 2차선을 버스 전용차선으로 했다.

과밀화를 구제한 시의 버스노선망

브라질에서는 최근 30년간 도시로 인구가 집중하였다. 꾸리찌바도 예외가 아니었다. 시의 인구는 1970년 61만 명에서 1996년에는 148만 명으로 두 배 이상 늘어났다.

시에서는 급증하는 인구에 따라 도시가 무질서하게 되는 것을 막기 위해서 도심을 종횡으로 달리는 간선도로에 버스 전용차선을 마련하여(사진 3·3) 버스노선에 따라 도심부의 기능을

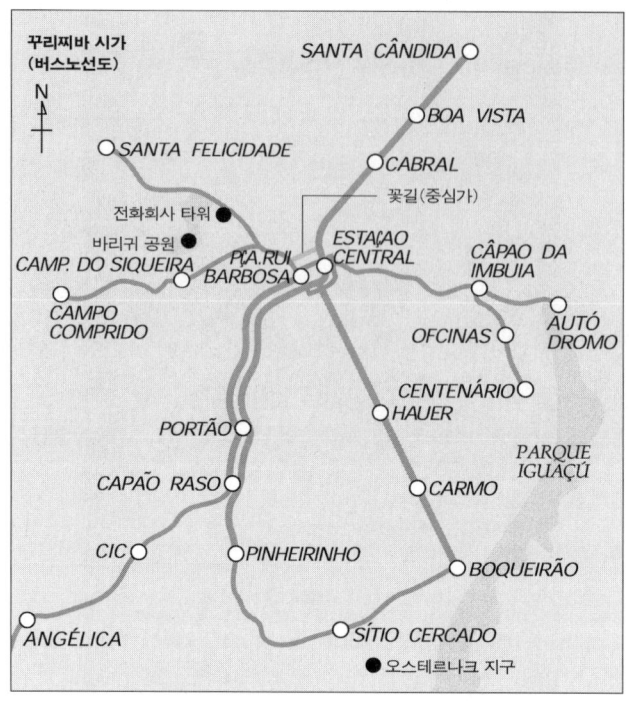

분산시켰다. 지하철 건설도 검토되긴 했지만, 건설·운용비가 싸다면 버스만으로 시내의 공중교통을 꾸려갈 수 있었던 것이다. 간선 버스노선과 맞닿은 지역은 건폐율을 600%까지 허용하는 데 비해서 버스노선에서 떨어져 있는 정도에 따라 저층건물밖에 허가하지 않는 제도를 도입해서, 버스노선을 따라서 인구집중 지역이 좁고 길게 형성되도록 하였다. 이렇게 함으로써 사람들이 버스를 이용하도록 함과 동시에 자가용을 사용할 수

사진 3·4_ 도로를 따라 고층빌딩이 나란히 서 있는 시가지 모습. 주변은 모두 저층건물이다.

밖에 없는 버스노선에서 먼 지역에는 인구가 늘어나지 않도록 하는 구조를 만들었던 것이다.

게다가 간선 버스노선에 2~5km마다 환승터미널을 만들었다. 그리고 터미널 가까이에 시청과 전력회사, 수도국의 출장소와 병원, 쇼핑센터 등을 만들어, 도심까지 나가지 않아도 행정서비스를 받고 쇼핑을 할 수 있게 했다. 이런 시책으로 자가용 교통량을 같은 규모의 다른 도시보다 30% 이상 줄이는 데 성공했다.

꾸리찌바의 버스노선망은, 브라질 전체가 경제난을 겪은 1980년대에 민영화되어 지금까지는 URBS라는 공영기업이 운영하고 있다.

꾸리찌바의 관광명소인 서쪽 교외의 전화회사 타워에 올

사진 3·5_ 시청 앞에 있는 튜브형 버스정류장.

라가면 도시의 모습이 한눈에 들어온다. 10~20층 높이의 빌딩이 밀집되어 있는 지역이 남쪽과 동쪽을 향해 좁고 길게 뻗어 있는 반면, 그 밖의 지역은 모두 2층 건물 정도의 저층 주택지로 대조를 이루고 있다(사진 3·4). 또 시내 여기저기에 녹색으로 덮인 거대한 공원이 있고, 주택지에도 녹색이 풍부해 눈길을 끈다. 이런 경관의 아름다움도 30년에 걸쳐서 이루어진 꾸리찌바 도시계획의 성과다.

그런데 꾸리찌바의 버스는 다른 도시에는 없는 특징이 있다. 예를 들면, 버스정류장이 유리로 된 튜브형의 작은 역 모양을 하고 있고, 차비는 튜브에 들어갈 때 개찰원에게 지불한다(사진 3·5). 이 때문에 승차와 하차가 자연스럽게 이루어져 정차

시간을 줄일 수 있다. 또, 도착한 버스와 튜브는 트랩으로 연결되어 있어서 노인이나 아이들도 편하게 오르내릴 수 있다. 저녁 러시아워 때도 튜브를 두 개로 연결한 도심의 터미널에서 집으로 가는 승객들의 흐름이 끊기지 않는다. 게다가 3개의 차를 주름관으로 연결한 긴 버스가 2분 간격으로 도착해 1분 정도면 출발한다. 그 빠르기는 지하철 수준이다.

꾸리찌바 시청에 따르면, 세계의 다른 도시에서는 지하철을 건설하는 데 보통 1km당 4000만 달러 정도가 들어간다고 한다. 그렇지만 꾸리찌바의 버스 시스템은 25분의 1인 150달러밖에 들지 않았다고 한다. 도로가에 건물이 밀집해 있어 도로를 확장해 전용차선을 만들 수 없는 지역에서는 기존의 큰길 중앙 2차선을 버스 전용차선으로 하기 때문에 철거비용도 들지 않는다.

간선노선 버스에서 지선 버스로 갈아타는 터미널도 비용을 적게 들여 제 기능을 하고 있다. 각 터미널에는 2~4개의 버스용 플랫폼이 나란히 있고, 그 사이를 작은 지하도가 연결하고 있다. 전체가 높은 울타리로 둘러쳐져 그 안에서 갈아타는 한 75센타보(Centavo)로 어디든 갈 수 있다. 플랫폼 옆에는 조그만 개찰구가 있어 직원이 한 명 앉아 무임승차를 막고 있다. 전철역과 기능은 같지만 역보다 훨씬 간소하다. 실제로 2시간 정도 버스를 이용하여 갈아타는 체험을 해보면, 비용을 적게 들이고도 도시교통의 난제를 해결하고 있다는 것을 알 수 있다.

최근 지하철을 건설한 일본의 많은 지방도시들은, 거액의 건설비 때문에 재정에 큰 부담을 안고 있다. 또한 차비를 비싸게 책정할 수밖에 없기 때문에 이용자는 늘지 않고 적자도 줄어들지 않는다. 지하철을 만들면 건설사업이 늘어나 지역경제가 활성화된다는 주장도 있지만, 그만큼 주민들이 떠안아야 할 세금도 늘게 된다. 꾸리찌바의 버스 시스템을 체험하고 나니, 일본의 도시교통이 얼마나 핀트가 안 맞는지 알 수 있었다.

전 시장의 리더십

세계적으로 보아도 참신한 꾸리찌바의 도시계획이나 환경정책은 어떻게 해서 만들어졌을까? 이에 대해 알고 싶어 꾸리찌바 시장의 이야기를 들으러 갔다.

시의 관용차를 타고 간 곳은 교외에 있는 큰 산림공원이었다. "시장님은 이 안에 계십니다." 하고 시 담당자가 가리킨 곳은 열대성 나무가 울창하게 자라고 있는 작은 길이었다. 전날 밤에 내린 비로 아열대 활엽수가 더 울창해진 작은 길로 들어섰다. 그곳에는 유리를 이용하여 만든 현대적인 목조건물이 있었다. 그 건물 이층에서 시장이 기다리고 있었다. 시장은 일본계 2세인 카시오 타니구치 씨였다.

타니구치 시장은 날마다 아침이면 이 다다미 20장 정도 공간의 사무실에서 집무를 본다. 유리 너머로 빽빽이 들어선 나무가 보이고, 때때로 원숭이나 새 울음소리가 들려온다. 바로 앞에는 연못도 있다. '바리귀 공원(Parque Barigui)'이라고 하는 이 공원 안에는 시의 환경국 건물이 있고, 시장이 사용하고 있는 것은 그 옆 건물이다.

"나는 오전에는 늘 여기에 있습니다. 여기는 조용하고 마음도 편안해져서 정책 아이디어를 정리하는 데 딱 좋습니다. 오후에는 도심에 있는 시청사로 가지만 여러 가지 진정서나 고충사항, 행정상의 어려운 문제들이 기다리고 있어 완전히 격투지요. 오전에는 숲 속에서 새로운 정책을 만들어내고 오후에는 거리로 나가 싸우는 게 하루 일과입니다."

영어와 포르투갈어, 때때로 일본어를 섞어가며 시장은 말한다. 이곳은 바로 창조적인 정책을 낳는 '시장의 아틀리에'였다. 방의 기둥은 낡은 나무로 된 전봇대를 재활용했고, 대들보도 폐자재를 재활용한 것으로 환경도시 꾸리찌바에 걸맞는 모습이었다.

"이곳을 처음 사용한 분은 1992년까지 시장을 지낸 자이메 레르네르(Jaime Lerner) 씨입니다. 저는 시장이 되기 전에 그분 아래서 20년 이상 도시계획 참모로 일하고 있었습니다. 자이메 씨는 오전에는 여기서 시정을 생각하고, 오후에는 시청에서 싸우는 그런 하루하루를 보내셨습니다. 저도 그분의 습관을 따르고 있는 것입니다."

자이메 레르네르 씨는 1971년부터 세 번을 잇달아 시장으로 일했다. 꾸리찌바의 도시계획이나 환경정책은 대부분 그가 결정한 것이다. 1994년 선거에서 레르네르 씨는 꾸리찌바 시의 주도인 파라나(Parana) 주의 지사가 되었고, 1998년 10월에는 두 번째로 지사에 당선됐다. 타니구치 시장은 레르네르 씨의 문하생이었다.

꾸리찌바 시의 도시계획은 1960년대 시의 중심을 지나는 고가고속도로 건설이 계획되던 시기에 시작됐다. 이때 레르네르 씨는 시내 대학의 건축학과 학생이었다. 그는 고가도로가 주민들의 삶의 질을 떨어뜨린다고 생각했다. 그래서 친구들과 모임을 가지고 사람에게 이로운 도시정책을 펼쳐야 한다는 제안서를 작성해 시장에게 제출했다.

그때 브라질에서는 수도 브라질리아(Brasília)의 인공도시 건설계획과 같은 거대한 프로젝트가 전성기를 누리고 있었다. 레르네르 씨의 제안은 군사정권 시대에 자칫 잘못하면 '공산주의자'라는 딱지가 붙어 탄압을 받을 수도 있는 것이었다. 하지만 당시 꾸리찌바 시장은 레르네르 씨의 제안이 현실성이 높다고 평가하여 고가도로 계획을 바로잡는 데 동의했다. 또 레르네르 씨가 만든 학생조직은 꾸리찌바 시의 공적인 기관으로 승격되어, 지금도 꾸리찌바의 도시계획 입안의 중심 역할을 하는 '꾸리찌바 도시계획 연구소(IPPUC)'가 되었다.

그 후, 레르네르 씨의 제안을 높이 평가한 당시의 꾸리찌바 시장은 파라나 주지사로 승진하고, 1971년 레르네르 씨를 꾸리찌바 시장으로 임명했다. 당시 레르네르 씨는 서른세 살이었다. 그 다음 해에 이미 시장의 아래에서 일하고 있던 서른한 살의 타니구치 씨는 시의 교통국장으로 임명되었다.

레르네르 씨가 펼치는 정책의 기본은, 돈을 들이지 않고 구체적인 정책으로 살기 편한 도시를 만드는 것이었다. '녹색교환'이라는 재활용 사업도 그렇고, 시의 버스를 이용하는 도시교통망도 그렇다. 또한 다른 나라보다 한 발 앞서 도심부의 상점가를 보행자 전용도로로 지정한 '꽃길'도 이런 정책에서 나온 것이다.

이 길에 자동차 통행이 금지된 것은 1973년이다. 당시 시장이었던 레르네르 씨는 취임하자마자 이 길을 보행자 전용도로로 만들 것을 검토하고 있었다. 그러나 가게 주인들의 반대가 생각보다 거셌다. 가게 앞으로 자동차를 들어오지 못하게 하면 손님들의 발길이 끊어질 것이라고 생각했기 때문이다.

레르네르 시장은 보행자 전용도로를 만들면 오히려 매출이 오를 것이라고 설득했지만 통하지 않았다. 그래서 어느 날 갑자기 시 직원들을 시켜서 길 곳곳에 콘크리트로 화단을 만들어 자동차가 다닐 수 없게 해버렸다. 며칠 후 화가 난 가게 주인들이 조직한 자동차부대가 화단을 철거하라며 실력행사에 나섰다. 하지만 일찌감치 이러한 반격을 예상하고 있던 시에서는 IPPUC의 요청으로 학생조직을 동원했다. 학생들은 빠져나가려고 하는 자동차부대 앞에 버티고 앉아 '보행자의 권리'를 주장하며 보행자 도로를 지켜냈다. 그리고 2개월 뒤, 가게 주인들은 레르네르 씨의 예측대로 매출이 오르고 있다는 것을 알게 되었다. 지금도 길 곳곳에 만들어져 있는 화단은 시 환경행정의 '기념비'와 같은 역할을 하고 있다. 이런 일 때문인지 보행자

사진 3·6 도심부의 상점가에서 세계 최초로 보행자 전용도로로 지정된 '꽃길.'

도로를 '꽃길'이라 하게 된 것 같다(사진 3·6).

꾸리찌바 시가 참신한 행정을 실시할 수 있었던 것은, 이러한 레르네르 전 시장의 강한 리더십 때문이기도 하다.

슬럼가 방지 대책으로 공원으로 둘러싸인 거리를 만들다

이 같은 방침은 공원 건설에서도 살아나고 있다. 꾸리찌바의 공원 건설은 도시의 슬럼화 문제의 해결을 겸한 것이었다.

브라질에서는 1960년대에 시작된 공업화와 함께 내륙의 농촌에서 사람들이 일을 찾아 꾸리찌바나 상파울루, 리우데자네이루 같은 대도시로 이주해서 하천가나 빈 공공용지 등에서

살게 되었다. 브라질에서는 '파베라(Favela)' 등으로 일컬어지고 있는 슬럼가가 출현하게 된 것이다.

　행정당국이 방치하자 슬럼가의 인구는 늘고 이들이 정치적으로 이용되게 되었다. 시장의 반대파 정치가들이 슬럼가의 사람들을 조직하여 시에서 슬럼가를 철거하지 못하도록 하는 운동을 시작한다. 물론, 다음 시장 선거에서 자기에게 표를 주면 좀더 풍족한 생활을 할 수 있게 하겠다는 '공약'과 함께였다.

　브라질에서는 불법이주일 경우에도 5년간 계속 살았다면 거주권을 주장할 수 있는 법률이 있어, 그 점을 노린 부동산 브로커들도 들어오게 되었다. 범죄조직도 이곳을 근거지로 활용하기 시작했다. 이렇게 되자 공공기관에 대한 슬럼가 주민들의 적대의식은 더욱 심해져, 행정당국이 다른 주택을 알선하거나 슬럼가의 위생 문제를 해결하려고 해도 거부당하고 만다. 브라질의 각 도시의 행정담당자들은 어떻게든 슬럼가의 등장을 막아보려고 머리를 싸매고 있었다.

　꾸리찌바 시에서는 1970년대부터, '슬럼가가 만들어질 것 같은 공공용지를 미리 공원으로 만든다'는 정책을 추진해왔다. 꾸리찌바 주변은 해마다 많은 비가 내리기 때문에 하천 주변에는 홍수방지용 범람원이 만들어져 있어서 슬럼가가 형성되기 쉬웠다. 그 때문에 슬럼가가 만들어질 것 같은 땅부터 차례로 공원으로 지정해나갔다. 연방정부에게서는 '공원정비'로 신청하는 보조금을 타내기 어렵기 때문에 '홍수대책'의 명목으로 예산을 만들었다. '공원화'라고 하지만 나무들의 벌채를 금지하고 관리인을 두어 불법거주를 막는 정도로 해서 비용을 줄였다. 시장의 아틀리에가 있는 바리귀 공원은 이 공원화 정책의 제1호이기도 하다.

그러는 동안에 시내의 인구가 늘고 시가지가 넓어지자 처음에는 사람들이 찾지 않던 공원 주변이 주택지가 되고, 공원은 시민들의 휴식처가 되었다. 방치하면 슬럼가가 되었을 것이 뻔한 일대가 공원화됨에 따라서 그 주변에는 고급주택가가 형성되게 되었다. 꾸리찌바 시민의 1인당 공원면적은 1972년에는 $0.6m^2$였지만, 그 후 20년 만에 80배로 늘어 현재는 약 $52m^2$로 노르웨이의 오슬로(Oslo)에 이어 세계 두 번째가 되었다.

한편, 꾸리찌바 시는 저소득자용 주택을 건설하는 데도 힘을 쏟아, 농촌에서 온 사람들 가운데 될 수 있는 대로 많은 사람들이 공영주택에서 살 수 있도록 하고 있다. 꾸리찌바는 1992년에 리우데자네이루에서 열린 '지구환경회의'에서 저소득층에 대한 사회사업과 공원건설 정책, 이 두 가지가 높은 평가를 받아 유엔 지방자치단체상을 받았다.

브라질의 꾸리찌바에서 '세계의 꾸리찌바'로

1990년대에 들어와서 서구나 일본에서 환경문제가 중시되기 시작한 것에 발맞추어 꾸리찌바 시의 환경행정은 세계적으로 주목받았다.

1990년에 일본의 오사카(大阪) 시에서 열린 '세계꽃박람회'에서는 꾸리찌바의 '꽃길'인 보행자 전용도로가 높이 평가를 받았다. 1992년 리우데자네이루에서 '지구환경회의'가 개최되었을 때, 꾸리찌바에서도 세계 67개 도시에서 대표가 모인 '세계도시포럼'이 개최되었다. 확실히 꾸리찌바는 브라질이 세계에 자랑하는 환경도시가 된 것이다.

꾸리찌바 시장을 세 번 연임한 후 1994년에 파라나 주지사로 당선된 레르네르 씨는, 그때까지 꾸리찌바를 대상으로 실시해왔던 도시계획을 파라나 주 전체로 확대하려는 계획에 착수했다. 파라나 주의 인구는 꾸리찌바로 집중되는 경향이 있었다. 꾸리찌바 시가 주에서 점유한 인구비율은 1970년에 12%였지만, 1996년에는 27%까지 올라가고 있다. 인구가 집중될수록 슬럼가나 교통혼잡 등 도시문제가 악화되기 때문에 주 차원에서 인구를 분산시킬 필요가 있다.

꾸리찌바 시의 도시계획에서 도심부로 인구가 집중하는 것을 막기 위한 방법은 전용 버스노선이라는 '선(線)'으로 도심의 기능을 분산시키는 것이었다. 레르네르 지사는 그 발상을 일본의 4분의 3의 넓이를 가진 파라나 주에 적용했다. 주에는 꾸리찌바 외에 몇 개의 도시가 있는데, 그 도시들을 이어주는 간선도로가 있다. 그 도로의 기능을 강화시켜 길을 따라 도시의 기능을 향상시키겠다는 정책을 펴나가기 시작한 것이다.

1971년에 레르네르 씨가 처음으로 꾸리찌바의 시장이 되고 난 다음 30년 가까이 세월이 흘렀다. 타니구치 시장에 따르면, 처음 10년간은 교통망 등 도시의 기반을 정비하는 시기였다. 이어서 1980년대는 브라질 경제 전체가 악화된 '잃어버린 10년'이었지만, 그 후 1990년대는 '환경의 시대'가 되어 재활용 사업이 진행되었다. 그리고 지금 타니구치 시장이 힘을 쏟고 있는 것은, 도시계획이나 환경정책보다도 고용의 확대나 행정에 대한 시민의 참여 촉진, 그리고 시가지의 확대에 따른 꾸리찌바 시와 주변 자치단체 사이의 연대 강화 등이다. 꾸리찌바에서 열매를 맺은 환경도시 정책은 이제 브라질 전체로 확대되고 있는 것 같다.

글_ 다나카 우(田中宇) / 사진_ 스기모토 이쿠오(杉本育生) / 1999년 3월

21세기 환경시책을 선점한 북유럽의 생태도시

_스웨덴 예테보리

환경선진국인 스웨덴의 제2의 도시 예테보리(Göteborg)는 볼보(Volvo)사를 중심으로 발달한 도시로도 유명하다. 이 도시는 석유에 의존하지 않는 에너지 정책이나, 환경을 배려하는 상품, 서비스를 선택적으로 이용하는 녹색소비자(green consumer) 운동이 정착되어 있다.

에너지 믹스 정책

"환경단체와 기업, 주민의 합의를 얻는 데 1년 반이 걸렸습니다. 풍경에 맞춰서 프로펠러 색도 하늘 색에 어울리는 녹색으로 바꾼 것이고요."

예테보리 에너지사의 전기에너지부장 쉘 유나손 씨는 풍력발전기의 프로펠러를 올려다보며 당시의 사정을 이렇게 설명했다(사진 3·7).

예테보리는 볼 베어링과 해운업, 자동차공업을 중심으로 경제활동이 이루어지고 있는, 스칸디나비아 반도 서해안 지역에서 가장 큰 공업도시다. 공업지대는 시내를 동서로 나누는 유타에르베 강의 북쪽에 있는 히싱(Hising) 섬에 집중되어 있

사진 3·7_ 예테보리 에너지사의 전기에너지부장 쉘 유나손 씨.

다. 이 섬의 연안에는 정유공장과 볼보 공장의 굴뚝이 나란히 늘어서서 12대의 풍력발전기 프로펠러가 돌고 있다.

　200년간 전쟁을 겪지 않았던 스웨덴에서는 민주주의의 발전과 함께 지방분권화가 이루어져, 각 지방자치단체가 독자적인 경제정책이나 환경정책을 실시해왔다. 그 중에서도 예테보리 시에서는 폐열을 이용하거나 바이오매스 같은 재활용 에너지와 풍력, 태양, 천연가스 등 자연 에너지를 충분히 살린 독자

사진 3·8_ 정유공장에서 나오는 폐열을 가정으로 나르는 대형 파이프.

적인 에너지 정책으로 주목받고 있다.

　이런 예테보리도 고도성장기였던 1960~1970년대에는 대기오염의 거리로 악명이 높았다. 원인은 시의 난방 시스템이었다. 석유나 석탄으로 난방을 했던 겨울철에는 각 가정의 굴뚝에서 나오는 유황을 포함한 연기가 대기를 오염시켰다. 시에서는 배출연기의 유황함유율을 국가 기준치인 2.5%에서 1%로 낮추고, 1980년대에는 다시 0.3%까지 낮췄다. 한편, 1982

년에는 폐열을 이용하는 지역난방 시스템을 추진하기로 결정했다.

현재 시에서 쓰는 에너지의 70%는 폐열을 이용하여 얻은 것으로, 그 중에서도 정유공장에서 나오는 폐열이 33% 가까이 차지한다. 1980년 중반에는 정화된 하수에서 열을 채취하는 열펌프를 만들었고, 쓰레기소각장에서 태우는 40만 톤 쓰레기의 폐열도 이용하고 있다. 폐열은 시내에 뻗어 있는 거대한 파이프를 통해 각 주택에 보내져 난방이나 온수에 쓰인다(사진 3·8). 또, 이웃도시와 공동으로 바이오매스 발전(間伐材 등을 태워서 발전시킴)도 이루어지고 있다.

이에 따라 1979년에는 석유의존률이 90%였지만 에너지 믹스(energy mix)를 실현한 지금은 겨우 1%로, 석유에 의존하는 시기는 한겨울뿐이다. 이 때문에 이산화탄소는 50%나 감소하고 유황은 거의 제로에 가깝게 되는 등 대기오염을 놀랄 만큼 개선할 수 있었다.

5년간 생태 자동차를 1만 대로

예테보리의 중앙을 흐르는 운하 주변에는 파란 버스와 트럼(노면전차)이 많이 다닌다. 그러나 정류장에 설치된 전광판이 트럼의 도착시간을 정확하게 알려주기 때문에 사람들은 적고 혼잡하지도 않다.

1980년대 중반 시에서는 버스와 트럼에 '콤프랑'이라는 양

방향 커뮤니케이션 시스템(two way communication system)을 설치해 시민들의 실시간(real time) 수송에 주력해왔다. 차 안의 승객 수, 도로혼잡 상황, 신호 상황, 도착시간 등을 서로 교신해서, 각 정류장에 있는 승객들에게 스피커와 전광판으로 교통상황과 도착시간을 알려주는 것이다.

또, 이 지역의 택시회사 예테보리 택시는 인공위성을 이용한 GPS를 갖추어 손님과 가장 가까운 곳에 있는 운전기사를 불러줌으로써, 연간 400만 kl의 연료를 아꼈다.

"교통기관을 정비하는 목적은 부유입자상물질(SPM)과 이산화탄소를 줄이는 데 있다."고 교통대중수송국 환경부장인 말 보레보리 씨는 말한다.

교통기관의 배기가스 대책에서는, 질소산화물(NOx)은 정부의 규제목표치에 도달했다고는 해도 SPM과 이산화탄소에서는 아직 목표치에 이르지 못했다. 그 대책으로 1996년부터 시내 중심부에 '환경지대'를 설정하고, 환경기준치에 미치지 못하는 대형 디젤 트럭이 그곳에 들어오지 못하도록 규제하고 있다.

12년 이상 된 트럭은 진입을 금지하고, 8년 이상 사용한 트럭의 경우에도 배기가스규제용 촉매컨버터와 SPM여과장치를 달아야 한다. 또, 디젤 버스에도 질소산화물과 유황을 억제하는 SPM감소장치를 설치함으로써 '세계에서 가장 깨끗한 디젤 버스'라고 보레보리 씨는 자랑한다.

전기, 천연가스, 에탄올 등의 대체연료 사용에도 적극적인 예테보리에서는 '5년간 1만 대의 생태 자동차(Eco-car)'라는 프로젝트를 진행하고 있다. 먼저 시 직원들에게 생태 자동차를 운전하도록 해 시민들에게 선전하고, 2~3년 안에 시가 소유한 1500대 차량의 반을 생태 자동차로 바꾸는 것이 목표다. 그러기 위해서 생태 자동차는 무료로 주차할 수 있게 하거나, 생태 택시 전용지역을 만들 계획도 가지고 있다.

그러나 대기오염 문제를 빨리 해결하기 위해서는 지역기업의 협력이 필수적이다. 그 중에서도 배기가스 문제를 해결할 열쇠를 쥐고 있는 것이, 예테보리에 본사를 두고 있는 가장 핵심 기업인 볼보사였다.

시는 볼보에 대해서 공장 사이를 이동하는 디젤 트럭의 배기가스를 조사해 환경에 좋은 연료를 사용할 수 없는지, 효율적인 수송은 할 수 없는지 등을 물었다. 볼보도 처음에는 마음이 내키지 않았다. 그러나 시에서는 독자적으로 볼보를 조사하고 보고서를 작성했는데, 철도의 이용, 부품의 효율적인 수송, 트럭에 여과장치 부착, 대체연료 사용 등으로 배기가스를 10년 안에 50%나 줄일 수 있다는 것을 증명해서 볼보에 제시했다.

이에 대해 볼보 측은 배기가스 50% 삭감을 시의 제안보다 한 발 더 나아가서, 그 반 정도인 5년 안에 달성하겠다는 회신을 해왔다. 예테보리 시 산업개발부의 죠란 바람비 씨는 다음과 같이 설명한다.

"우리들은 '당신들 기업은 이런 문제를 갖고 있으니 함께 해결해나갑시다.' 하고 기업과 직접 대화의 장을 가져왔습니다. 환경문제의 해결을 북돋우기 위해서는 시에서 화학자 등의 도움을 받아 목표를 설정하고, 기업에게 도전을 시키고 자극해 나가는 것이 중요합니다."

환경에 좋은 상품을 기업에게 개발하도록 할 때, 바람비 씨는 규모가 작고 생산 시스템을 쉽게 바꿀 수 있는 중소기업부터 손을 댔다. 그리고 중소기업이 개발한 환경상품에 소비자가 따라붙게 하기 위해서 '녹색조달'을 추진한다. 환경상품이 잘 팔리면, 대기업도 이를 배워서 환경상품의 개발에 끼어들 것이라는 생각에서이다.

'녹색조달'이란 거래처를 선택할 때에 상대기업의 환경 항목을 체크해 환경활동에 힘을 쏟는 기업을 골라 계약을 하는 것으로서, 이 시스템은 예테보리에서 스웨덴의 다른 지역으로, 더 나아가 독일, 네덜란드로까지 퍼져나갔다.

그리고 시가 계획한 '5년간 1만 대의 생태 자동차' 프로젝트에 대해 볼보가 예테보리에 보급하려 하는 것은 천연가스나 바이오매스 등의 대체연료로 달리는 차다. 다만 현재 천연가스 주유소는 시내에 4군데밖에 없기 때문에, 만일의 경우에 대비해 석유를 쓸 수 있는 가솔린 탱크를 장착하였다.

1996년에 선을 보인 바이퓨얼 카(bi-fuel car) S70은 석유와 메탄가스(압축 천연가스나 바이오 가스)의 두 가지 연료(bi-fuel)로 달리는데, 이 지역의 택시회사에 여러 대 도입되었으며, 2000년 초에는 한층 좋아진 S80이 나올 예정이다.

바이퓨얼 카의 이용자를 늘리기 위해서 볼보는 시와 함께

사진 3·9_ 월만 씨는 세계 최초로 배기가스 억제 시스템의 촉매를 발명했다.

인프라 구축에 착수해서 2, 3년 안에 10군데 천연가스 주유소를 설치할 계획이다.

"여러 가지 생태 자동차가 개발되고 있지만, 비교적 싼 제조비용으로 배기가스를 크게 줄일 수 있는 것은 현단계에서는 바이퓨얼 카가 최고일 것입니다."

볼보사의 기술부장 월만 씨는 이렇게 설명한다(사진 3·9). S80의 첫해 생산대수는 5000대로 예정하고 있다.

이렇게 해서 예테보리의 대표적인 환경기업이 된 볼보사는 제조공장에서도 정유공장의 폐열을 이용해서 에너지 소비를 50% 줄이거나 사용한 물을 정화해서 강으로 내보내는 등, 환경대책을 철저하게 실행하고 있다.

실업자 대책도 생태학

예테보리의 중심부에서 트럼으로 15분 정도 북동쪽으로 가면 베리푼 지구가 나온다. 베리푼 지구는 주민의 60%가 소말리아와 보스니아에서 온 이민자들이며, 지역주민들과 대립이 끊이지 않고 범죄와 실업으로 오랫동안 고민거리가 되어왔다.

"실업자 문제는 시가 가장 먼저 해결해야 할 문제다. 무엇보다 스웨덴어를 할 줄 모르는 이민자들에게 언어교육을 하거나 직업훈련을 시켜서 임시직을 주는 대책을 취하고 있다."고 예테보리 시장인 요르겐 린달 씨는 말한다.

"생태학(ecology)의 'eco'는 경제학(economy)의 'eco'를 뜻하기도 한다. 시민들에게 직장을 찾아주어 기본적 생활을 할 수 있게 해주는 것도 환경정책으로서 중요하다."고, 예테보리를 포함하여 150개의 지방자치단체에 환경컨설팅을 하고 있는 ESAM 회장 라티 씨도 지적한다.

ESAM이 1990년에 고안한 '환경자치단체 구상'은 1992년에 브라질의 리우데자네이루에서 열린 지구환경회의에서 의논된 '아젠다 21(Agenda 21)'에 큰 영향을 끼쳤다. '아젠다 21'은 각국이 환경정책을 실시할 때의 행동지침인데, 지방분권이 발전한 스웨덴에서는 더 나아가 지방자치단체가 추진하기 위한 '지방 아젠다 21(Local Agenda 21)'이 실시되었다.

1993년에는 시내 21개 지구에 '지방 아젠다 21'의 코디네이터를 배치하여 각 지구의 형편에 맞는 나무심기 활동을 실시하고, 보육원(Daycare Center)을 만들고, 재활용 센터

(Recycle Center)를 설치했다. '지방 아젠다 21'이 성공해서 환경이 가장 나쁜 구에서 '환경지구'로 다시 태어난 곳이 베리푼 지구이다. 시 환경부의 론버그 씨는 다음과 같이 말한다.

"지방 아젠다 21은 주민들한테서 '어떻게 하면 좋은 지역으로 만들 수 있을까?' 하는 아이디어를 듣는 일에서부터 시작합니다. 주민이 녹지를 원하면 시와 함께 나무심기 활동을 합니다. 주민의 아이디어를 지원해주는 것이 중요합니다."

베리푼에서도 주민의 아이디어를 기본으로 해서 1970년대 초에 지어진 회색의 아파트들을 아티스트를 기용해서 중간색을 바탕으로 한 컬러풀한 색깔로 덧칠했다. 아울러 아이들이 말이나 소 같은 동물과 서로 어울리고 접촉할 수 있도록 동물농장을 만들었으며, 홍수의 원인이었던 지하수로를 지상으로 끌어올려 친수공원(親水公園)을 만들기도 했다.

물론 이런 프로젝트의 대부분은 직장이 없는 주민들 손으로 이룬 것이다. 아파트 한쪽 구석에 있는 재활용 센터에서는 실업 중인 주민들이 중고가구를 다시 칠하거나 옷을 꿰매 생활에 도움이 되게 하거나 판매하기도 한다.

"작은 프로젝트라도 좋으니까 주민들이 '아 행복해!' 하고 느낄 수 있는 일을 하게 해주고 싶습니다. 그것이 비록 20명의 주민들을 위한 것이라고 해도 상관없습니다."

베리푼 지구의 '지방 아젠다 21' 코디네이터인 마리안 해머슨 씨의 말이다.

환경지구가 된 베리푼에서는 이민자와 본디 지역주민들

사진 3·10_ 재활용 스테이션.

사이에서 일어나는 대립이나 범죄가 줄어들고, 다른 지구로 이사하는 사람 수도 줄었다. 1998년에 정부로부터 1억 크로나(Kronor)의 원조를 받은 시에서는, 1960년대의 낡은 주택지를 수리, 복구하거나 교통기관을 정비하거나 해서 각 지구의 주민들의 요구에 부응하는 '지방 아젠다 21'을 추진하고 있다.

쓰레기 대책도 '지방 아젠다 21'에서 시민들이 해결을 촉구한 중요한 과제다. 시는 1997년부터 시작한 쓰레기 관리계획으로, 시내 300군데에 재활용 스테이션을 설치했다(사진 3·10). 분리하는 쓰레기는 색유리, 흰 유리, 신문, 잡지, 금속, 플라스틱, 의류, 건전지, 음식물 쓰레기로 9종류나 된다. 시민들이 자발적으로 쓰레기를 분리하여 재활용할 수 있도록 시에 쓰레기

수거를 의뢰하는 경우에는 연간 2500크로나를 징수하고 있다.

교외에 자리한 대형 가구점인 이케아의 예테보리 지점은, 스웨덴에 있는 13개의 이케아 지점들 중에서 맨 처음으로 쓰레기 관리 시스템을 시작해 주목을 받고 있다. 이곳에서는 나무, 선반, 유리, 사무용지, 형광등, 금속 등 12종류로 쓰레기를 분류하고 있다.

"쓰레기를 처리하는 데 드는 비용은 분류 전에는 1년에 25만 크로나나 들었는데, 지금은 한 주에 2~3번 재활용 회사가 무료로 수거해가서 기본적으로는 제로."라고 점포의 환경 담당 직원인 앤더스 레나토슨 씨는 말한다.

환경라벨로 선택적 구입

본디부터 자연을 사랑하고 환경의식이 높은 스웨덴 사람들이지만, 예테보리에서는 1980년대 후반부터 환경을 해치는 상품은 텔레비전에서 불매운동을 펼치는 등 시민들에게 환경교육을 해오고 있다. 1990년에는 환경 핸드북을 나눠주어 시민들에게 환경에 이로운 상품이나 서비스를 선택하도록 호소했다. 이 환경 핸드북은 예테보리에서 '지방 아젠다 21'의 출발점이 되었다. 녹색소비자 운동이 시민들의 생활에 친숙하게 흘러들어가고 있는 것이다.

1995년 시에서는 육상세계선수권대회가 열리는 것을 계기로 호텔과 레스토랑, 슈퍼마켓 등의 환경우수점포에 '환경상

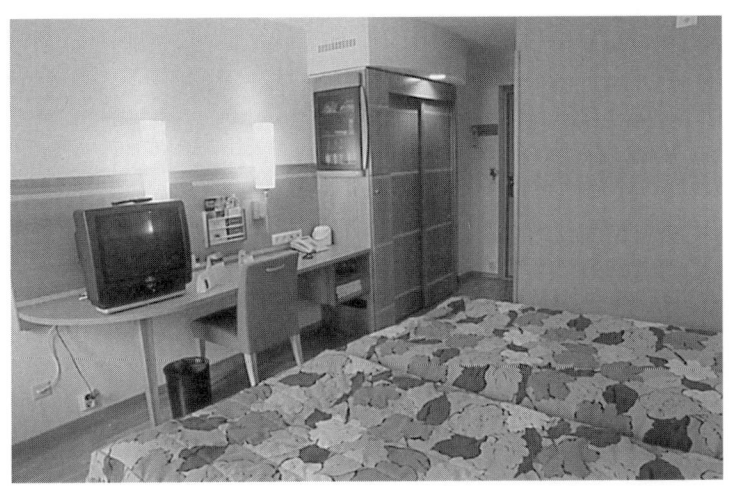

사진 3·11_ 스칸딕 호텔 크라운의 에코 룸.

(Environmental Diploma)'을 주는 제도를 만들었다. 이제까지 200개 점포에서 상을 받았는데, 맨 처음 상을 받은 곳은 입실률 80%로 시에서 가장 인기 있는 '호텔 리즈버그헤덴'이다.

또, 북유럽 최대의 호텔 체인점인 '스칸딕 호텔'의 하나인 크라운은 1993년부터 환경대책을 도입해서 322실 중 158실을 에코 룸(Eco-room)으로 전환했다(사진 3·11). 실내에 있는 섬유 제품은 모두 유기재배로 만든 면(organic cotton)이며, 거울의 뒷면과 텔레비전 부품의 일부를 빼면 실내의 97.5%가 재활용할 수 있는 소재로 만들어져 있다. 난방도 방을 환기할 때에 빠져나오는 열을 이용하고 있다.

두 호텔 모두 욕실에는 수건을 재사용할 것을 부탁하는 표

사진 3·12_ 햄코프에서 팔리고 있는 유기농 채소에 환경라벨이 붙어 있다.

시가 붙어 있고, 마구 사용하기 쉬운 샴푸나 비누는 몸과 머리에 함께 사용할 수 있는 제품을 쓰고 있다. 또, 식사시간에 버터나 잼 등은 큰 그릇에서 먹을 양만큼만 덜어 먹을 수 있게 하는 등 팩으로 된 상품을 쓰지 않는다.

 예테보리의 녹색소비자 운동은, 환경을 해치는 세제는 사용하지 말도록 하는 등 시민생활과 밀접한 상품에 대해 선택적으로 구매할 것을 호소하는 일부터 시작했다. 이 때문에 슈퍼마켓에서는 식품에서 세제에 이르기까지 'KRAV'라든가 '노르딕스 완', 'Good Environmental Choice' 등의 환경라벨이 붙은 상품이 진열되고 있다.

 환경라벨 상품 전용코너를 만든 슈퍼마켓 '햄코프'에서

는, "일반 슈퍼마켓 안에 환경상품을 놔두는 편이 오히려 많은 시민들의 눈길을 끌어 환경교육이 된다."고 말한다(사진 3·12).

2200개의 점포를 가지고 있는 스웨덴의 대형 슈퍼마켓 체인점 이카(ICA)는 에너지 절약, 쓰레기 관리, 환경라벨 상품 도입, 환경교육에 대한 노력을 인정받은 105군데 점포를 에코 스토어(Eco-store)로 인정하고 있다. 유기농 상품의 마케팅에 힘을 쏟고 있는 에코 스토어에서도 상품의 17%가 환경라벨이 붙어 있다.

"실제로 환경라벨 상품을 구매하는 것은 고객의 6~8%지만, 환경상품을 조금이라도 많이 놓아두면 고객의 환경의식을 자극할 수 있다."고 이 점포의 매니저 바테랑 씨는 말한다.

KRAV 라벨이 붙은 고기는 보통 판매되고 있는 고기보다 1kg당 5크로나 더 비싸지만, 공급이 부족하기 때문에 들어오는 대로 매진되고 만다. 가게 안에는 환경그룹을 두어 환경상품에 관한 고객의 질문에 대답해주고 있다.

사회보장제도가 발달한 북유럽에서는 '요람에서 무덤까지'라는 정신이 환경대책에도 한결같이 흐르고 있다. 이를테면 쓰레기 문제에서도 자기들이 폐기한 것은 끝까지 돌보는 것이다. 그런 정신으로 길러진 예테보리 시민의 비전에서, 앞서나가는 21세기 환경대책을 볼 수 있었다.

글_ 이이즈카 마키코(飯塚眞紀子) / 사진_ 오시모토 류이치(押本龍一) / 1999년 2월

돈 안 드는 환경대책으로 환경수도를

_독일 에칸페르데

환경 선진도시(Eco-city)를 만들어가는 데 윤택한 재정력이 필요하지는 않다. 또, 환경보전과 지역경제의 진흥을 양립시킬 수도 있다. 독일 북부에 있는 인구 2만 5000명의 도시 에칸페르데(Eckernförde)는 이것이 가능하다는 것을 보여주고 있다. 지혜와 연구와 실천력, 그리고 컨센서스(Consensus)로 독일의 '환경수도'로 뽑힌 이 도시에서 배울 점은 많다.

도시를 매력적으로 만든 자동차 교통억제책

에칸페르데 시의 중심가인 키일 거리는 아침부터 해질녘까지 사람들이 끊이질 않는다(사진 3·13). 빵이나 야채를 파는 사람들, 화려한 부띠끄의 윈도 쇼핑을 즐기는 관광객들과 함께, 유모차를 밀며 물건을 사는 커플들이나 카페에서 시간을 보내는 휠체어를 탄 사람들도 모두 이 도시의 주역들이다. 시에서는 키일 거리와 여기로 이어진 많은 거리들, 합해서 약 1300m를 '자동차 통행금지'로 정해놓고 있다. 독일의 많은 도시에서 채택하고 있는 이 정책은, 환경시책이기도 하면서 상업시가지 활성화 대책이고, 복지 정책, 관광진흥 정책이기도 하다.

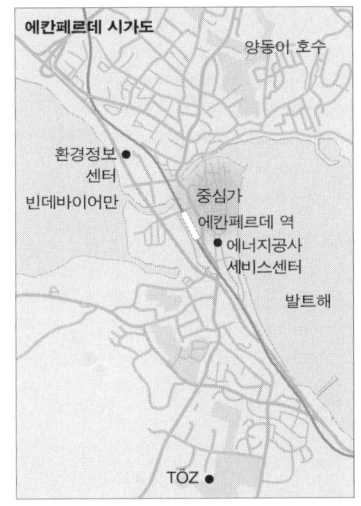

사진 3·13_ 키일 거리.

3. 도시계획으로 환경수도를 꿈꾼다

에칸페르데 시에서는 18년 전부터 이 정책을 실시하고 있지만, 지리적으로는 곤란한 점이 있었다. 중심가는 동쪽의 발트해(Baltic Sea), 서쪽의 빈데바이어만 사이에 끼어 있는 학의 목처럼 좁은 땅에 자리하며, 남쪽의 키일(Kiel) 시, 북쪽의 슐레스비히(Schleswig) 시를 이어주는 간선도로와 독일철도가 그곳을 지나가고 있다. 자동차를 원활하게 소통시키려면 중심가의 진입을 금지할 수가 없다. 그러나 살기 좋은 도시를 만들려고 진입금지를 실시함으로써 "도시가 매력적으로 바뀌었다."는 것이 시 건설부 부장대리 한스 슈투트예 씨의 말이다.

에칸페르데에서는 시가지뿐만이 아니라 시 전체 도로의 70%에서 몇 가지 교통억제 시책이 실시되고 있다. 반대로 자동차를 이용하기 쉽도록 종합대책을 추진하여 자동차 도로의 반을 자동차 전용도로로 만들었다. 전용도로가 없는 길은 '템포 30'이라고 시속 30km로 속도를 제한한 길이나 자동차가 적게 다니는 길 정도이다.

시 여기저기에 머리를 짜내 만든 주차시설이 있기 때문에 자동차를 주차하는 데는 불편함이 없다. 독일철도의 에칸페르데 역 근처에는 차에서 철도로 갈아타기 위한 파크 앤 라이드 방식의 주차장도 있는데 잘 활용되고 있다.

개발과 자연보호를 양립시킨 주역
독일의 '환경수도'라고 하면 일본에서는 프라이부르크가 알려져 있지만, 독일에서는 1990년 이후 한 해 걸러 한 번씩 환경시책으로 성공한 도시를 선정하고 있다. 에칸페르데는 1994년에 환경수도로 뽑혀, 대번에 독일 전체에서 주목받게 되었다.

독일 각지에서 자연환경보호를 둘러싸고 논의가 활발히 이뤄지게 된 1980년대 중반, 에칸페르데에서도 시 전체의 토지이용 계획이 시의회에서 큰 논의거리가 되었다. 자연환경보호에 대해 적절한 결정을 내리기 위해 먼저 환경·지역조사를 실시했다. 시에서는 지리학자인 카린 게벨 씨와 미하엘 팍시스 씨에게 조사를 맡겼다.

조사는 1984년 여름에 시작되어, 다음해 6월 그 결과가 시에 제출되었다. 조사보고서에는 환경토지대장뿐만 아니라 현재 상황에 대한 비판적 평가와 구체적인 대책으로 실천적인 제안이 포함되어 있었는데, 그것은 시장이 요구했던 바였다. 미개발지가 시 북부에 많이 있었기 때문에 주택이나 산업개발 지역은 모두 북부에 모여 있었지만, 북부에는 보호해야 할 비오톱(Biotop·생물의 생육공간)이 많이 있었다. 흙, 작은 강, 하천부지 등으로 이상적인 비오톱의 네트워크가 이루어져 있었던 것이다. 그 때문에 이러한 개발은 자연보호 차원에서 내버려둘 수 없다는 것이었다.

팍시스 씨 등은 이 문제점을 확실하게 보여주기 위해서 한 장의 지도에 중심점을 적어넣고, 각각의 현상, 계획, 문제점, 대책·결론을 알기 쉽게 표로 정리해놓았다. 환경위원회와 시의회는 에칸페르데의 장래를 신중히 생각하여 팍시스 씨 등의 제안을 95% 이상 받아들이기로 했다. 이렇게 큰 전환은 독일에서도 거의 찾아볼 수 없는 일이라서 팍시스 씨도 "설마 이렇게 완전히 방향이 바뀌리라고는 생각지도 못했다."고 한다.

이에 따라 북부의 뛰어난 생태환경인 비오톱이 보전되게 되었다. 또 환경 비오톱이 결핍되어 있는 남서부에 주택, 산업개발지역을 옮김과 동시에, 흙이나 자연으로 바꾸는 지역을 만들어 풀과 나무를 심고 지하에 매설하거나 복개한 하천을 다시 지상으로 되돌리는 등, 자연적인 가치를 높이도록 하였다. 그 당시 시장 쿠르트 슐츠 씨는 이 조사를 실시한 팍시스 씨를 제언을 실현하기 위한 담당자로 고용했다. 조사, 분석, 계획입안, 실행을 한 사람이 함으로써 일관된 전략으로 자연과 환경보호를 실시할 수 있기 때문이다.

콘센서스를 중시하고, 전문적 지식과 아이디어, 실행능력을 가진 팍시스 씨를 기용한 것이 에칸페르데가 독일의 환경수도가 되는 데 커다란 추진력이 되었다. 자연환경을 보전하기 위한 환경계획(L plan)의 책정과 토지이용 계획의 변경이 1993년까지 이루어졌는데, 팍시스 씨가 원안 작성이나 조정에 커다란 역할을 해냈다.

1987년부터 1999년 초까지 시장으로 일하고 그 공적을 높이 평가받은 슐레스비히 홀슈타인(Schleswig-Holstein) 주의 농업장관인 크라우스 부스 씨는 "토지이용 계획과 자연환경 계획은 원래 서로 방향이 다르기 때문에, 자연보호·풍치보전과와 건설과에 긍정적으로 생각해서 제안을 내달라."고 부탁했다.

슈투트예 씨는 "시장님이 전문가인 나와 팍시스 씨를 존중하고 그 의견을 살릴 수 있도록 해주었다."고 말한다. "자연환경 계획에 기초하여 토지이용 계획을 완전히 바꾼 일은 독일에서 전례가 없었다."고 팍시스 씨도 말한다. 이와 같이 종합적이고 기본적인 도시계획의 차원에서 꼭 들어맞았기 때문에 "에칸페르데와 같이 토지이용과 환경보전사이에 마찰이 적은 도시는 독일에서도 희귀하다."고 슈투트예 씨는 말한다.

나아가 구체적인 개발에 이용하는 지역 세부계획의 책정, 변경도 자연보호·풍치보전과와 긴밀히 연대하여 이루어지고 있었다. 물론 몇 번에 걸쳐 주민이나 환경단체 등 공공의 이익과 관련된 단체들의 의견을 청취하기도 하였다. 그들의 의견에 따라 계획안이 변경된 예도 꽤 있었다.

일본의 자치단체로 바꾸어 생각해보면, 환경기본 계획과 도시 마스터 플랜이 딱 들어맞고, 거기에다가 적극적으로 주민의 참여가 이루어진 셈이다. 종적인 행정구조 속에서 도시개발 측면과 환경 측면이 서로 부딪히고, 자칫하면 주민들과 행정당국이 서로 믿지 못하게 되기 쉬운 일본의 자치단체에 있어서는 이 일이 많은 참고가 될 것이다.

에칸페르데에는 이러한 근본적인 노력으로 복원된 비오톱이 여러 개 있다. 북부에 있는 락센바하라는 작은 강은, 시가지가 이루어지면서 강이 직선화되고 일부는 땅 속의 관을 통과하게 하는 등, 원래의 작은 강의 모습에서 점점 멀어져가고 있었다. 강 유역에 있는 습지도 관을 통해 배수가 되어서 십수년

사진 3·14_ 양동이 호수.

사진 3·15_ TÖZ 건물 안에 있는 정원.

전부터는 햇볕에 바짝 마른 웅덩이가 되어버렸다. 이전의 토지 이용 계획대로라면 강을 완전히 없애고 습지는 개발했을 것이다. 그러나 앞서 말한 대대적인 정책전환으로 말미암아 이 강과 습지를 복원하기로 한 것이다. 그런데 원래대로라면 대규모 공사를 해야 했을 텐데, 팍시스 씨는 겨우 5.8마르크로 그 일을 이루어낸다.

지형으로 보면 배수관의 입구를 막으면 상류에서 흘러온 물로 습지가 회복된다. 그래서 그 배수관의 지름에 맞는 양동이를 한 개 사와 입구를 막아버렸더니 안쪽의 습지대를 연결하는 호수가 되었다(사진 3·14). 이 호수는 '양동이(basket) 호수'라고 하며 새 지도에도 그 이름이 나와 있다. 지금은 갈대 같은 식물이 호수 주위에 자라나서 자연의 천이에 맡겨져 있으며, 이미 백조나 오리 같은 많은 물새들이 보이고 있다.

환경 벤처를 지원한다

빗물을 이용해서 만든 작은 호수에 놓여 있는 목조다리를 건너 건물 안으로 들어선 순간 저절로 감탄의 소리가 나오고 말았다. 건물 안쪽이 바깥쪽보다도 더 나무들이 많았기 때문이다(사진 3·15). 이 광경만 보면 많은 사람들은 이곳을 식물원이라 생각할 것이다. TÖZ(에칸페르데 기술과 에콜로지 센터)는 환경교육이나 환경활동을 할 목적으로 만든 시설이 아니라, 사실은 41개나 되는 벤처기업이 입주해 있는 빌딩이다(사진 3·16). 벤처

사진 3·16_ TÖZ의 겉모습. 지붕 위의 태양전지판, 유리벽에 의한 채광으로 태양열을 직접 이용한다.

기업을 육성할 목적으로 만든 테크놀로지 센터는 독일 전체에 약 300개 정도 있지만, 에콜로지를 주제로 한 곳은 여기뿐이다. 전 시장인 부스 씨가 "다른 지역 센터에 없는 것을 만드는 것이 성공의 열쇠다. 에칸페르데는 에콜로지에 힘을 쏟고 있으니까 그것을 테마로 하자."고 생각해 건설했다.

독일에서 벤처기업은 설립한 뒤 5년 안에 반 이상이 경영에 어려움을 겪는다고 한다. 그 때문에 이러한 센터들을 만들어 경영상담, EU 등에서 보조금을 받기 위한 조언, 정보제공, 사무대행 등의 서비스와 싼 임대료(TÖZ의 사무대행 비용을 포함하여 1m²당 한 달에 14마르크 정도, 다만 해마다 1마르크씩 인상)로 지원을 한다.

그 성과가 있어서, 독일 전체의 센터에서는 5년 안에 경영파탄을 맞는 경우가 5% 미만으로 낮다. 5년이 지나면 기업은 센터를 나가서 도시에 사무실이나 작업실을 꾸리게 되는데, TÖZ에서는 설립 후 4년 만에 벌써 7개의 기업을 에칸페르데 시내에 내보냈다.

환경과 경제와 지역을 함께 지속할 수 있도록 하기 위해서는, 떨어져 있는 하나하나의 대책을 따로 펼치는 것이 아니라 서로 연관시켜가면서 시스템이나 구조를 만들어갈 필요가 있다. 부스 씨는 "경제와 에콜로지를 잘 연결하면 이점은 있어도 결점은 없다. 다만 정말로 잘 연결하는 것이 중요하다."고 말한다.

하여튼, 이 건물 자체로도 에콜로지를 멋지게 구현시키고 있다. 바닥부분의 단열로는 유리입자를 사용하고, 콘크리트 대신에 플라스틱 볼을 철골 사이에 넣어 가볍게 하였다. 벽과 지붕의 단열에는 갈대와 아마, 양털 부스러기 등 12종류의 자연소재를 사용하고, 난방배관의 방호에는 목면을 이용했다. 자재는 재활용할 수 있는 것과 퇴비로 만들 수 있는 것을 이용하고, 화학적으로 위험한 것과 쓰레기가 되는 것은 사용하지 않았다.

중앙정원의 북쪽에서 마주 보이는 작업실 건물의 벽은 굽지 않은 점토 렌가를 사용했는데, 낮에는 열을 흡수하고 밤에는 방출하는 효과가 있다. 벽은 이중으로 되어 있어 따뜻한 공기는 아래의 틈에서 벽 속을 타고 올라가고, 천장 근처에 있는 이중창을 통해서 중앙정원으로 돌아온다. 기온이 너무 올라갔을 때에는 창문이 자동으로 열려 열을 바깥으로 방출한다.

전면이 유리로 된 홀에서는 태양열을 직접 이용함으로써 바닥에서 올라오는 열과 밤낮의 온도차를 활용한 실내공간의 자연공조 기능을 결부시켰다. 심어진 많은 나무들도 쾌적한 공기를 만들어 실내온도를 조절하는 데 한몫하고 있다. 이러한 시스템 덕분에, 겨울철에 바깥공기가 영하 20도일 때 건물 안에서는 난방을 안 해도 6~7도를 유지한다. 또 빛의 양에 따라 조명을 자동으로 제어하는 설비도 부분적으로 도입되었다.

이러한 고안은 TÖZ를 건설할 당시에 생각했던 것으로, 환경 측면에서 배려한 것이 경제적으로도 맞다는 것을 증명해 보임으로써 다른 건축물에도 응용되기 시작했다.

전력소비를 억제하는 독자적인 요금 설정

에칸페르데는 구체적인 방법으로 지구온난화를 생각한 에너지 절약에도 힘을 쏟고 있다. 그 중 하나가 독자적인 전기요금체제의 실험이라는 '에칸페르데 요금'이다. 이것은 전력수요 절정기에 전기를 많이 사용하지 않도록 하기 위해서 전력수요가 많은 시간대에는 전기요금을 비싸게 하고, 반대로 전력수요가 적은 시간대에는 싸게 하는 요금체제이다.

요금은 9단계로 나누어 1kw에 최고는 70.8페니히로 균일요금의 3배이며, 최저는 11.6페니히로 되어 있다. 연방환경기금, 주, EU 등에서 보조금을 받아서 1994년 8월부터 1996년

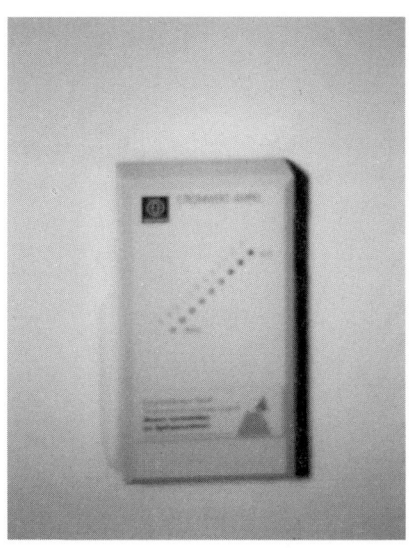

사진 3·17_ 전력수치 램프. 사용하고 있는 전기요금이 빨간색에서 녹색까지 9개의 램프로 표시된다.

말까지 1000가구를 무작위로 골라 실험을 실시했다. 참가한 소비자에게는 요금을 한눈에 알 수 있는 기구를 나눠주고(사진 3·17), 현행 균일요금제와 에칸페르데 요금제로 따로 계산된 비교요금청구서를 연말에 보낸다.

에칸페르데 요금에 따라 계산된 요금 쪽이 싸면 에너지공사에서 절약한 금액만큼 환어음을 받을 수 있다. 1996년에는 79%의 가정이 비용을 줄이는 데 성공해서 모두 3만 9000마르크를 절약했다. 이러한 변동 요금체제는 기술적으로 가능하며, 사람들의 의식을 개혁하고 전력수요를 평준화하는 데 어느 정도 효과가 있음을 알게 되었다.

아쉽게도, 특정한 사람에게 요금을 비싸게 받을 수는 없다는 법률 규정에 따라 이 요금체제를 곧바로 독일 전체에 실시하지는 못했지만, 이 실험이 앞으로의 에너지 정책에 반영되기를 기대하고 있다.

에칸페르데 시에서는 1994년에 에너지 워킹 그룹(Energy working group)을 만들어 시의 시설이나 학교의 에너지 절약에 힘을 쏟았다. 회원들은 건물의 난방이나 조명 등에 따른 에너지 소비를 체크하고, 건물이나 사용방안의 개선 컨셉을 작성하여 실시해간다. 이렇게 해서 10년 동안에 에너지 소비의 3분의 1을 줄이는 데 성공했다.

에너지공사는 중심가에 서비스센터를 설치하여 에너지 절약형의 세탁기나 식기세척기 등의 추천 상품을 전시하고 있다. 이와 같은 상품이나 태양열온수기, 가스난로, 온수배관 등을 구입할 때는 공사에서 보조금을 받을 수 있다. 태양열발전기에 대해서는 잉여전력을 1kw에 2마르크로 10년 동안 구입 보증을 해주는 것과 같은 지원도 하고 있다. 공사의 전기요금은 1kw에 0.27마르크이기 때문에 구입가격은 파격적이다. 이렇게 해서 에너지절약 제품을 선택하려는 녹색소비자들을 정보와 금전의 양 측면에서 지원하고 있는 것이다.

에칸페르데가 환경수도가 될 수 있었던 것은 시민에게 정보를 공개하고 다방면에서 콘센서스를 이루는 데 힘을 쏟았기 때문이다. 또 대증요법의 시책을 펴는 것이 아니라, 환경은 물론 경제, 복지 등 여러 가지 효과를 노리는 근본적인 정책입안과 지혜가 담긴 연구를 현실화한 데 있다. 자연보호·풍치보전과의 연간 예산은 30만 마르크이지만 적절한 운용으로 해마다 예산을 남길 수 있어서, 지금은 20만 마르크가 되었다.

　팍시스 씨나 비취히 환경위원장은 자만하지 말고 앞으로는 이 정도의 질을 어떻게 유지시켜갈 것인가가 과제라고 한다. 현재 시장인 자비네 예쉬케 파쉬 씨는 지금까지의 방침을 이어받아, 계획참여와 대화를 통해 환경과 경제의 양 측면에서 훨씬 더 매력 있는 도시로 만들고 주변의 자치단체들과 공동 프로젝트를 진행해나가겠다고 한다.

글·사진_ 스기모토 이쿠오(枚本育生), 오오타니 케이코(大谷惠子), 시모무라 토모츠이코(下村委津子) / 2000년 1월

사회적 실험과 작은 활동을 쌓아 환경수도로

_독일 함

폐광의 황폐함에서 벗어나 환경수도로

함(Hamm) 시는 뒤셀도르프(Düsseldorf)에서 북동쪽으로 약 80km 떨어진, 유럽의 큰 탄광지대였던 루르(Ruhr) 지방의 동쪽 끝에 있다. 일찍이 4개의 탄광이 시내에 있었는데 3개의 탄광은 폐쇄되었고, 조업을 계속하고 있는 나머지 하나도 폐쇄되는 게 시간문제로 보인다.

함 시의 '도시 일으키기'에서 가장 큰 문제는 폐광에 따른 경제침체와 실업, 그리고 '석탄과 빵' 대신에 '폭력과 마약'으로까지 가버린 황폐함에서 빠져나오는 것이었다. 그 황폐함이 당연히 환경 측면에도 영향을 미쳐서 효과 있는 대책이 이루어지지 못한 채 방치되어 있었다. 그러나 1980년대 후반에 함 시의 행정당국은 '도시 일으키기'의 중요한 요소로서 환경문제에 힘을 기울이게 되어 '폐기물·에너지 컨셉', '교통발전 계획', '경관 계획'을 세웠으며, 또 1989년에는 환경국을 설치해 이후 환경정책을 발전시키는 데 초석이 되었다.

함 시가 독일연방의 환경수도로서 첫 걸음을 내디딘 것은 1992년 노르트라인베스트팔렌(Nordrhein-Westfalen) 주의 '미래의 에콜로지컬 도시' 모델 프로젝트에 아헨(Aachen) 시,

헤르네(Herne) 시와 함께 선발되면서였다. 이 프로젝트를 추진하기 위해 시의회의 결의로 전문성 있는 직원 3명이 새로 채용되었다. 그리고 1993년 시의회에서는 '도시발전을 위한 에콜로지컬 기준 컨셉'을 결의했다. 이것은 흙, 물, 기후·대기, 사람, 식물군·동물군, 문화적 유산 등의 분야에서 환경의 질에 대한 목표를 정하는 것이다.

그러나 환경수도로 뽑힐 정도가 되려면 행정당국의 노력만으로는 아무래도 힘들다. 시에서는 '미래의 에콜로지컬 도시' 모델 프로젝트를 시작하기 전에 환경단체, 학교, 수공업자, 기업 등 각계각층 500개 이상의 단체에 편지를 띄워 '파트너로 함께 일하자.'며 호소했다. 떨쳐나선 집회에는 100개 이상의 단체가 참가하여 건축, 물, 에너지, 폐기물, 어린이와 청소년 등 8개의 실행모임이 생겼다. 이렇게 시민, 행정당국, 사업자들이 함께 힘을 합침으로써 여러 가지 아이디어가 나오고, 프로젝트를 실현해감에 따라 함 시는 1998년·1999년에 환경수도로 뽑힌 것이다.

에코 센터와 공원으로 다시 태어난 탄광 터

폐광 가운데 하나는 '에코 센터'로 되살아났다(사진 3·18). 50ha의 부지 중 17ha에 시설을 설치하고, 남은 3분의 2는 산림과 풀꽃이 가득한 땅으로 만들어 레크레이션 등에 이용하고 있다. 에코 센터라고 하면 환경교육 시설을 떠올리기 쉽지만, 함 시

사진 3·18_ 에코 센터.

의 에코 센터는 산업과 고용촉진 메세(Messe)와 컨벤션 시설을 갖추고 있다. 이 센터는 주와 함 시와 15개의 민간출자자들이 운영하고 있다.

　메세의 중심이 된 건물은 예전에 탄광의 기계시설이 있던 벽돌공장 건물이다. 또, 센터의 사무소 건물은 독일의 오래 된 민가를 옮겨지은 것이다. 새로운 것을 만들 뿐만 아니라 역사적인 건물을 살려나가는 자세가 돋보인다. 오래 된 건물을 살리는 일은 막대한 건축폐기물을 줄인다는 면에서도 중요하지 않을까.

　작은 규모의 메세와 세미나, 회의를 위한 시설로서 지붕이 활 모양으로 휜 건물이 만들어졌다. 이 건물은 큰 목재가 그리

많이 들지는 않았고 될 수 있는 대로 첨단소재를 섞어서 독일의 전통공법으로 지었다. 큰 건축물에는 이 공법을 사용한 예가 없었는데, 이 시설이 실험적인 역할을 하여 하노버(Hannover) 박람회의 독일정부 전시관에도 이 공법을 썼다. 유리로 된 벽면에는 금속판이 매달려 있는데, 이것은 여름철에는 햇볕을 가리고 겨울철에는 햇볕을 실내로 끌어들이는 현대적인 차양인 셈이다. 또 건물 바로 바깥에는 얕은 연못이 만들어져 있는데, 겨울철에 낮은 햇볕을 반사하여 실내로 보내는 역할을 하고 있다.

에코 센터에서 이루어진 메세는, 120개의 기업이 참가하여 1994년부터 3년간에 걸쳐서 개최한 '재생가능한 에너지 모델 도시'를 비롯해, '에콜로지 건축물', '역사적 건축물의 보존', '에코산업의 자금조달', '태양에너지를 살리는 건축', '유기농 식품과 의류' 등으로, 실제적인 주제를 놓고 말로서가 아니라 건축과 산업에서 에콜로지화가 진전되어 있는 것을 느낄 수 있다. 또한 메세와 컨벤션 외에 이곳은 클래식 음악회와 1000명 규모의 파티 등에도 사용되고 있다.

센터 안에는 그 밖에도 에콜로지 주택 모델하우스, 건축물 유지 연구시설과 환경영향 조사를 위한 공기업, 벤처기업 육성 센터도 입주해 있다. 더욱이 인근의 '에코산업 파크'에는 독일의 대형 DIY(홈센터)인 OBI가 대규모의 점포를 내고 있다. OBI에서는 처음으로 생태를 테마로 한 점포로, 에너지 절약 설계로 태양에너지 시설과 옥상 녹화가 되어 있다. 물론 물건

사진 3 · 19_ '유리 코끼리 건물'.

들은 환경 상품이 중심이며, 직원들은 고객에게 에콜로지에 대해 조언을 해주어 평판이 매우 좋다고 한다. 자전거, 태양에너지·빗물이용 시설 등의 가게도 영업을 시작하고 있다.

또 하나의 탄광 터는 시민의 쉼터 '맥시밀리언 파크(Maximilian Park)'로 다시 태어났다. 광대한 부지에는 호수, 곤충관, 비어 가든 레스토랑이 있는 식물원이 들어서고, 천연소재의 놀이기구도 갖추어놓아 가족끼리 여유롭게 휴일을 보내는 모습이 눈에 띈다. 탄광의 갱도 레일이 있던 자리에는 증기기관차 등 옛날 차량이 그대로 보존되어 정기적으로 운행도 하고 있어서 철도 팬들에게도 매력적인 곳이 되고 있다.

공원에서 가장 눈에 띄는 것은 '유리 코끼리'란 이름이 붙은 건물이다(사진 3·19). 석탄 선별장소로 사용되던 건물을 개조해서 코끼리의 어금니를 붙인 것이다. 위층은 엘리베이터로 올라갈 수 있어서 높은 건물이 별로 없는 함 시의 전체 모습을 볼 수가 있다. 건물 안은 열대 식물원이며, 갤러리도 설치되어 있다. 이 '유리 코끼리'는 맥시밀리언 파크가 관심을 끌기 위해 만든 상징물로서 이 지역의 디자이너가 제안한 것인데, 그 역할을 톡톡히 해내고 있다.

자전거를 교통수단의 중심으로

함 시의 '교통발전계획'은, 자전거와 버스 이용을 권장함으로써 현재 시내 교통수단의 3분의 2를 차지하고 있는 자동차 이용을 2005년까지 50% 이하로 억제하는 것을 목표로 하고 있다. 이를 위해서 교외에서 시내로 연결되는 자전거 전용도로와 도시를 에워싸는 자전거 산책로를 만들어, 각 지역에 자전거 도로망을 정비해놓았다. 또 교차로, 합류지점이 자전거로 쉽게 연결되도록 주요 도로에 차선변경용 보조표지판을 세우는 등 자전거를 시내 교통수단의 으뜸 가는 하나로 자리매김한 것을 알 수 있다. 나아가 자전거 도로망과 대중교통을 연결하는 '파

사진 3·20_ 자전거 보관소.

크 앤 라이드'에도 힘을 기울여, 주요 버스노선, 모든 지구 의 중심가, 역 등에 비에 젖지도 않고 도난당할 걱정도 없는 자전거 보관소를 설치해놓았다.

    독일철도 함 역 부근에 자전거 보관소가 있다. 일본의 역 앞에도 수많은 자전거 보관소가 있지만 그것과는 다르게 운용되고 있다. 일본에서는 자전거 보관소까지 이용자가 끌고 가서 직접 세워놓는 방식이 보통이지만, 여기에서는 입구의 접수대에 있는 관리인에게 자전거를 건네주고 곧바로 역으로 들어간다(사진 3·20). 자전거를 세우는 데 시간이 걸려 열차를 놓치는 일은 없다. 또한 찾으러 올 때에도 이용자가 입구까지 오면 관리인이 금방 건네준다. 정말로 빠르다. 이용자는 자전거를 건네줄 때 관리인에게 찾으러 올 시간을 미리 알려준다. 관리인은 그 시간대별로 나뉘어서 번호가 붙은 보관대에 자전거를 갖다둔다. 자전거 보관소에는 관리인 외에는 들어갈 수 없기 때문에 장난이나 도난당할 위험이 없다. 찾으러 올 시간이 되면 입구 근처로 자전거를 옮겨두어 금방 건네줄 수 있도록 한다. 이런 방식이라서 버려두는 자전거도 거의 없다.

아침 5시 반부터 밤 9시까지 열려 있으며, 이용료는 한 달에 20마르크다. 하루는 1마르크다. 이 자전거 보관소가 생기면서 역 앞 길거리에 주차되어 있던 500대의 자전거가 한꺼번에 사라졌다. 더욱 편리하게 입구를 역 구내의 표 파는 곳과 나란히 만들고 있다. 또한 이곳에서는 자전거의 판매, 대여 외에 수리도 하고 있어서, 간단한 수리라면 아침에 맡겼다가 저녁에 찾아갈 수 있다고 한다. 자전거 택배도 시작해서 호평을 받고 있다.

자전거 보관소는 사회적 약자의 지원활동을 하고 있는 비영리단체가 주, 시의 지원을 받아 운영하고 있다. 고객에 대한 자세, 직장에서의 인간관계 등의 교육을 겸해서 14명의 장기실업자를 고용해 재취업을 촉진시키고 있다고 한다. '환경'과 '고용'이라는 현대사회가 안고 있는 커다란 과제에 대한, 작지만 구체적인 해답이 아닐까.

함 시에서는 『환경·여가 지도』를 만들었다. 손에 들고 다닐 만한 크기로 170페이지의 해설서가 붙어 있는 이 지도책은, 함의 멋진 자연경관이나 에콜로지컬 프로젝트를 둘러싼 자전거 여행을 제안한 것이다. 농작물을 직접 판매하는 농가의 소재지부터 함의 자연환경보호에 관한 정보와 자연을 즐기며 여가 보내기 방법까지 써 놓아 마치 함 판(版) '에코 투어 가이드 북' 같다. 자전거 전용도로 지도와 자전거 하이킹 지도는 따로 원하는 사람에게 무료로 나눠주고 있다.

파트너십을 주제로 한 디자인

사업자들이 개별적으로 상품을 배송하고 있기 때문에 시내교통이 더욱 혼잡해지고 있다는 것은 세계 어디에서고 공감하고 있는 문제이다. 이를 해결하기 위해 함에서는 한 가지 시도를 하고 있다. '시티 로지스틱(City Logistic)'이라고 하는 이 프로젝트는, 시내와 시외의 운송은 중앙집배장으로 일원화하고, 거기에서 행선지별로 정리해서 시내 쪽으로의 배송은 하루에 한 번으로 한다는 것이다.

어디에서든 생각할 수 있는 시스템이긴 하지만 별로 현실화되어 있진 않다. 함 시에서는 이 프로젝트와 같은 이름을 쓰는 벤처회사가 이것을 추진하고 있다. 다만 아직까지는 많은 사업체가 참여하고 있지 않아서 목적이 달성되었다고는 할 수 없다. 그러나 어렵기 때문에 주저하여 행동으로 옮기지 않는 것보다 실제로 운영을 하면서 개선책을 찾아가는 실천적 행동, 곧 '사회적 실험'이 중요한 것이 아닐까.

함 시에는 사회적 실험의 아주 흥미로운 예가 또 있는데,

에콜로지 주택지구로 개발된 호어뷔에크이다. 이곳에는 120채의 주택이 목재로 틀을 잡고 저에너지 공법으로 만들어져 있다. 또한 빗물을 이용한 옥상 녹화를 하고, 칠은 최소한으로 억제했다. 그러나 안타깝게도 입주하지 않은 주택이 많다. 이 지구를 일부러 안내해준 '미래의 에콜로지컬 도시' 프로젝트팀의 델트 씨는, 그 까닭을 다음과 같이 말한다.

"주택지구 내에 자동차를 들어오지 못하도록 했는데, 이 지구에서 생활하기 위해서는 역시 자동차가 필요한 것이었습니다. 또한 구상을 발표하고부터 완성하기까지 시간이 너무 많이 걸려서 시민들에게 호응을 얻을 수 없었습니다. 아이디어는 좋아도 시민들의 요구를 잘 포착하지 못하면 안 됩니다."

함 시에서는 이 경험을 바탕으로 에콜로지를 컨셉으로 한 주택지구를 다시 개발해서 성공을 거두었다.

발전하는 건축물의 에콜로지화

함에서는 주택뿐만 아니라 건축물 전반의 에콜로지화에도 힘을 기울이고 있다. 앞서 말한 '도시발전을 위한 에콜로지컬 기준 컨셉'을 바탕으로 건축가, 건축회사 등이 '신규건축물에 대한 에콜로지컬 기준'을 공동으로 작성했다. 시에서는 시유지 구입자에게는 의무화하고 건축회사에는 스스로 노력하도록 하여, 건축자재부터 정원 만들기까지 생태적인 주택을 건설하는 데 전념하도록 기반이 만들어져 있다. 시의 건축물에는 에너지 절약, 건물의 재활용, 옥상과 벽면의 녹화, 빗물 이용, 태양열 발전 등이 당연시되고 있다.

    에코 센터에서 열고 있는 여러 가지 세미나 중에서도 건축에 관계된 것들이 인기가 높다. 건축업자는 일도 하면서 시간을 갖기가 어려운 경우가 많기 때문에, '루르 지방 건축포럼'과 '경제촉진 협회'가 함께 인터넷을 이용한 생태건축 강좌를 열자 독일 전역에서뿐만 아니라 네덜란드, 스위스, 오스트리아에서도 수강생들이 모여들였다고 한다. 센터 대표인 라우센 씨는 "10년 전에는 에콜로지 따위가 무슨 상관이냐고 하던 기업들이, 이제는 에콜로지에 대한 노력이 경영면에서도 이점이 있음을 알고 있다."고 말한다. 이 배경에는 독일이 연방, 주, 자치단체에서 각각 진행하고 있는 에콜로지컬 세제(稅制)와 규제, 기준의 강화나 에콜로지에 대한 노력의 경제적인 촉진정책이 있다. 물론 그것도 많은 독일인들이 지구 차원의 환경문제에 관심을 두고 이를 자기들의 집과 생활과 연결시켜서 행동할 수 있었다는 데 바탕을 두고 있음에 틀림없다.

어린이가 참여하는 공원, 교정 만들기

함 시의 의회에서는 '어린이 놀이터를 계획, 건설하는 데 주변에 살고 있는 어린이가 참여해야 한다.'고 결의하고 있다. 그 결의를 바탕으로 벌써 20개가 넘는 공원이 어린이의 참여를 기초로 만들어지고 문을 열었다. 계획을 세우는 것부터 어린이와

사진 3·21_ 포장을 걷어내고 녹화한 교정.

부모의 의견을 들어가면서 진행한다.

평평한 녹지와 시시한 놀이기구밖에 없던 공원은 언덕도 있고 연못도 있어 오르내림이 많은 공간으로 변하고, 어린이가 좋아하는 오두막도 만들어졌다. 나무나 풀은 될 수 있는 대로 그 땅에 자생하는 것으로 심었다. 실제 공사는 실업자들이 했지만, 간단한 작업은 어린이들도 도왔다. 이 일을 맡고 있는 시 청소년국의 슈트라케 씨는 "이렇게 바뀐 공원에는 더 많은 어린이가 놀러오게 되었다. 시에서는 모든 어린이 놀이터를 이렇게 바꿔갈 계획이다."며 즐거운 듯이 말해주었다.

놀이터뿐만 아니라 학교의 교정도 학생, 학부모, 선생님들이 참여해 생태적인 곳으로 바꿔가고 있다. 먼저 어떤 교정으로

3.도시계획으로 환경수도를 꿈꾼다

만들고 싶은지 모두가 계획서를 만든다. 벌써 40개의 초등학교에서 실시하고 있는데, 학생과 학부모도 작업을 돕는다.

루드리케 초등학교에서는 도로포장을 걷어내고 나무들의 공간을 넓게 잡아서 녹화했다(사진 3·21). 그 공간을 벽돌로 둘러치는 작업을 하고 있을 때, 부모들이 쉬고 있자 어린이들이 계획과는 다른 벽돌로 가장자리를 둘러쳐버렸다. 그렇지만 어린이들의 발상을 살릴 수 있어서 그대로 완성했다. 아울러 생각하지도 못한 효과도 보았다. 이전에는 싸움과 따돌림이 끊이지 않아 교장은 날마다 여러 장의 보고서를 쓰지 않으면 안 되었다. 그런데 교정을 녹화하고 나서부터는 어린이들이 밖에서 마음껏 놀 수 있게 되어, 교장이 보고서를 쓰는 일은 기껏 1년에 몇 번 정도라고 한다.

또, 다른 학교에서는 10대 후반의 청소년들이 고쳐짓고 있던 교정을 망가뜨린 일이 있었다. 그래서 선생님이 그들을 찾아가서 이렇게 말했다. '너희들, 부수는 것도 재미있겠지만 만드는 쪽이 더 재미있어. 어때, 함께 해보지 않을래?' 이들은 선생님의 열의에 이끌려 교정 만들기에 참여했고, 지금도 어린이들이 없는 시간에 교정을 망가뜨리려고 오는 사람은 없는지 돌보고 있다고 한다.

시민단체도 환경도시 만들기에 참여

함에서는 시민이 자주적으로 환경도시 만들기에 힘을 쏟고 있어서 자연과 환경을 활용한 공공 프로젝트에 실비와 조언 비용으로 최고 5000마르크가 조성되어 있다. 예를 들어, 버스 대합실의 옥상을 녹화한다, 바베큐 광장 주변에 돌담을 만들고 나무로 차양을 만든다, 크라인 가르텐(시민농원)의 주차장 포장을 걷어내고 빗물이 침투할 수 있도록 한다 등, 자치모임에서 약 100개의 활동이 자주적으로 이루어지고 있다.

그 중 하나로 프리드리히 에바트 공원의 낚시터를 자연에 가까운 형태로 개·보수한 것이 있다. 원래는 450kg이나 되는 콘크리트 블록 120개로 둘러싸인 사각형의 낚시 연못이었는데, 낚시동호회와 학생을 중심으로 한 모임에서 블록을 없애고, 연못의 모양을 바꾸고, 나무를 심어서 멋지게 변신시켰다. 이 활동에 대해 공원을 관리하는 시의 녹지과는 처음에는 회의적이었다고 한다. 그러나 시행착오를 거듭하면서 열심히 노력하는 시민들의 모습을 보고 녹지과를 포함하여 시청 전체가 이들을 지원하게 되었다고 한다.

'벵쿠라 붸쿠 유치원'은 이러한 에콜로지 컨셉을 종합해서 만들었다(사진 3·22). 앞마당의 돌담 정원은 지원금제도를 이용해 부모들이 만든 것이다. 옥상은 녹화되어 있고 빗물의 50%는 여기서 활용된다. 또한 나머지 빗물은 앞마당 정원에 모여 침투된다. 건물은 목조 저에너지 주택공법으로 남향으로 지어져 있다.

복도 천장에는 창을 내고, 열이 들어오지 않도록 북향으로 커다란 창문을 내고 자연채광을 한다. 또, 벽은 하얀색으로 칠

사진 3·22_ 벵쿠라 뷔쿠 유치원.

해서 햇볕을 반사할 수 있도록 했다. 정원은 숲으로 가득하고, 그 가운데 어린이들이 달리거나 세발자전거로 돌아다닐 수 있게 좁은 길이 만들어져 있다. 어린이보육원도 겸하고 있는 이 유치원에서 "어린이들이 도시 속에서 자연과 함께 논다는 것이 가능하다."고 구다 선생님은 말한다.

지속가능한 지역 만들기

함 시에서는 '미래의 에콜로지컬 도시' 모델 프로젝트의 반환점이었던 1998년, 중심가에 있는 쇼핑센터에서 100개 이상의 각종 단체, 어린이, 학생 그룹 등이 참가한 가운데 중간발표회를 열었다. 그리고 이 해에 환경수도로 뽑혔다.

이전에 독일의 환경수도 콘테스트에서 뽑힌 프라이부르크 시, 하이델베르크 시도 물론 훌륭한 노력으로 평가받았지만, 원래 아름다운 경관을 가진 관광도시였다. 이런 두 도시와 달리 폐광된 탄광도시에서 환경수도가 된 함 시의 노력에서, 일본의 탄광촌뿐만 아니라 '제3섹터' 방식에 따른 거품경제 붕괴의 유산을 안고 있는 자치단체, 그리고 환경과 지역진흥에 힘을 쏟고 있는 모든 자치단체들이 배울 것이 많지 않을까.

그러나 함 시에서는 이대로 모델 프로젝트를 진행시키고 있으면 된다고는 생각하지 않는다. 프로젝트팀의 델트 씨 등은 그대로 '지방 아젠다 21'의 담당자가 되었지만, "앞으로는 아젠다 21의 사고방식을 한층 끌어들여 지속가능한 발전을 목표로 나아가지 않으면 안 된다. 에콜로지와 함께 경제, 고용, 남북문제 등을 아우르는 노력이 필요하다."고 말한다.

함 시에서는 벌써 '미래의 에콜로지컬 도시' 모델 프로젝트를 시작했을 때와 마찬가지로 각계의 사람들을 부르고 시장도 주최자로 참가하는, '미래회의'라는 워크숍을 주말 이틀 동안 실시하는 등, 시민들의 계획참여를 통해 다음 단계로 나아가려고 하고 있다. 이런 자세를 가지고 있는 한 함 시가 21세기에도 지속가능한 도시가 되는 것은 분명한 일이다.

글·사진_스기모토 이쿠오(枚本育生), 오오타니 케이코(大谷惠子)(신규취재)

일본의 환경수도를 만들자

_ '환경수도 콘테스트'

'환경시민'의 에코 시티 활동

2001년 2월 드디어 '일본 환경수도 콘테스트'가 시작됐다. 내가 속한 NGO 환경시민은 큰 활동목표의 하나로서 '환경자치단체, 에코 시티를 만들자'는 점을 내세우고 있다. 일본 환경수도 콘테스트는 이 '에코 시티를 만들자'는 것을 구체화한 대형 프로젝트다.

  환경시민은 최근 몇 년간 일본에서 환경정책에 대해 앞선 생각을 갖고 있는 자치단체와 여러 가지 파트너십 사업을 진전시켜왔다. 예를 들어 교토(京都) 부 나가오카쿄(長岡京) 시, 오카야마(岡山) 현 츠야마(津山) 시, 교토 부 후쿠치야마(福知山) 시에서는 환경기본계획을 책정하기 위해서 시민이 주체가 되어 이루어진 위원회의 코디네이터를 위탁받고 있다. 교토 시에서는, 에콜로지 센터의 전시와 소프트웨어를 펼치기 위한 조사연구를 위탁받고, 아젠다 21을 개최하는 파트너십형 조직인 포럼에서의 활동을 실시하고 있다. 나아가 사이타마 현 등의 녹색소비자 운동지도자 양성 강좌와, 나라 현의 지구온난화방지 요원 양성 강좌의 계획과 운영, 후쿠이(福井) 현 다케후(武生) 시의 역사적 거리를 살린 '거리 만들기 위원회'의 코디네이팅

등이 있다. 이러한 파트너십 활동은 행정당국뿐만 아니라 지역의 주민들과 연계할 기회가 되고 환경도시를 만드는 데 중요한 역할을 할 것이다.

또, 환경시민에서는 '에코 시티 연구회'를 설립해서 1999년부터 '환경자치단체를 만드는 시·정·촌장과 NGO 전략회의'를 해마다 8월에 개최해왔다. 2002년에는 24개의 자치단체가 참가해서 이틀에 걸친 '종합적인 환경행정의 틀 만들기', '본질적인 주민들의 계획참여'를 테마로 학습, 정보교환, 논의를 실시했다. 또, '지역 일으키기'에서 하나의 핵심이 될 상점가를 생태적으로 활성화하는 데 대한 조사연구와 교류, 나아가 자치단체 중에서 더 작은 커뮤니티 단위의 지속가능한 사회 만들기를 목표로 한 활동의 조사연구와 계속적인 학습모임, 대중교통으로 전환하기 위한 조사연구를 실시하고 있다.

환경수도와의 만남

'환경수도'라는 말을 알게 된 것은, 환경시민이 발족한 직후인 1992년쯤이다. 프라이부르크 시가 독일의 환경수도로 뽑혔다는 정보였다. 지금은 일본에서도 아주 유명한 환경도시인 프라이부르크 시도 당시에는 별로 알려지지 않았다. 환경수도라는 게 도대체 어떻게 해서 선발되는 것인지도 잘 몰랐다. 그저 그 환경수도라는 말에 강하게 이끌리는 데가 있었다.

1994년 봄 독일, 스위스의 환경정책을 조사하는 투어를 실시했다. 그때 방문했던 프라이부르크 등에서 환경을 컨셉으로 한 '거리 만들기'가 꽤 구체화되어 있는 것을 실제로 보고, '일본에서도 이러한 도시를 만들 수 있다면' 하고 절실하게 느꼈다. 더욱이 그때 환경수도는 NGO가 주최하는 콘테스트로 선발된다는 것을 알고, NGO들의 활동발상의 탁월함과 높은 질에 감탄하면서, 일본에서도 실시해보고 싶다는 터무니없는 생각을 했다. 그러나 차분히 생각해보니 우리 모임에 아직 그런 콘테스트를 주최할 힘이 없었다. 또한 자치단체의 환경에 대한 노력도 그렇게 진전되어 있다고는 할 수 없었다. 그래서 좀더 시기를 봐서 실현할 수밖에 없다고 생각했다.

그리고 1996년에 '에코 시티 연구회'를 설립하고 나서, 독일, 스웨덴, 덴마크, 네덜란드, 영국 등의 여러 도시의 사례조사와 국내의 선진적인 사례조사, 그리고 앞서 말한 활동에 따른 힘을 축적해서 일본의 환경수도 콘테스트를 실현했다. 더욱이 독일의 환경수도 콘테스트를 주최한 '독일 환경지원'을 만나서 그 자료를 입수, 연구하였으며, 또 라도르후체르 시에 있는 이 모임의 본부를 방문해 조사, 연구했다.

전국 네트워크 결성

2000년에는 일본 각지에서 활발하게 활동하고 있는 NGO에 참여할 것을 요청해, 콘테스트의 주최단체로서 '환경수도 콘테스트 전국 네트워크'(현재 9개 단체, 단체이름은 책 뒤에 표시)를 결성했다. 회의와 메일 등으로 계속 의견을 나누고 콘테스트 질문표를 작성해서, 2001년 봄에는 45개 자치단체가 참가한 사전 콘테스트(Pre-contest)를 실시했다. 일본의 콘테스트에 요구되는 항목의 검토를 거듭해나가면서, 좀더 나은 콘테스트를 실시하기 위해 사전 콘테스트에 참가한 각 단체에는 콘테스트와 질문표에 대한 의견공청회를 열었다.

그리고 2000년 가을에는 독일의 환경수도가 된 함 시, 에칸페르데 시와 '독일 환경지원'에서 참가자를 초청해서 전국 네트워크의 NGO들과 함께 전국 6군데에서 세미나를 열었다. 이러한 준비를 반복해서 2001년 2월에 제1회 콘테스트 공모를 실시했다. 최종적으로 우리들의 기대를 뛰어넘는 93개의 시·구·정·촌(市區町村)으로부터 참가신청을 받아, 제1회 콘테스트를 성공시킬 수 있었다.

콘테스트의 결과에 대해서는 뒤에서 말하겠는데, '환경수도 콘테스트'의 취지를 간단히 정리하면 다음과 같다.

1. 자치단체의 환경시책을 앞서 추진해서 '일본의 프라이부르크'라고 일컬을 수 있는 자치단체를 시민들과 함께 만들어내어 다른 자치단체에도 영향을 미친다.
2. 자치단체의 노력을 환경 측면부터 비교 검토하고 절차탁마(切磋琢磨)할 수 있는 구조를 만듦으로써 환경시책의 교류와 추진을 촉진한다.
3. 크게 노력한 자치단체를 환경 NGO가 평가함으로써 행정당국과 의회 등의 환경부문에 대한 평가를 높이고 더욱더 환경시책을 펼쳐나가는 활

력을 만들어낸다.
4. 환경 NGO가 주최함으로써 행정당국과 주민들과 NGO사이에 구체적인 대화를 촉진하고, 자치단체 전체의 환경시책을 추진한다.

독일의 환경수도 콘테스트

콘테스트 결과를 말하기 전에, 먼저 일본 콘테스트의 본보기가 된 독일의 콘테스트에 대해 '독일 환경지원'의 프로젝트 최종 보고서를 바탕으로 살펴보자. 독일의 도시와 마을을 대상으로 '자연과 환경보호의 연방수도(환경수도)'를 선발하는 콘테스트는, 1989년부터 1998년까지 '독일 환경지원'이 주최하고 독일 환경자연보호연맹(BUNG), 독일 자연보호연맹(NABU) 등의 환경 NGO와 전국도시연락협의회 등 자치단체의 협의회도 함께 협력했다.

콘테스트의 컨셉은 '전략으로서의 경쟁', 곧 도시와 마을을 자연과 환경보호 분야에서 경쟁시킨다고 하는 것이었다. 참가한 자치단체는, 9번 실시한 콘테스트에서 모두 1356개에 이른다. 그 중 대다수의 자치단체가 반복해서 응모하고 있어서 실질적으로는 630개였다. 우승으로 '자연과 환경보호의 연방수도'가 된 자치단체는 이를테면 상금은 없다고 해도, 독일 안에서 주목을 받고 자연과 환경에 관련된 분야의 정책과 행정이 강화된다고 하는, 상금보다도 훨씬 큰 이점이 있다.

참가한 도시와 마을

자치단체의 환경보호 콘테스트에 의의가 있다는 것은, 자치단체의 재정이 압박받고 있는 시기에도 콘테스트가 회를 거듭함에 따라 참가 자치단체 수가 점차 늘어남으로써 입증되었다.

제1회 콘테스트에 참가한 것은 30개 자치단체였지만, 마지막회인 1998년에는 220개가 넘는 자치단체가 참가했다. 1994년에 참가 단체가 두드러지게 늘어난 것은 주로 1993년에 프로젝트를 전문화한 데 따른 것이다. 독일연방환경기금의 보조금으로 전임 프로젝트 지도자를 둘 수 있었던 것이다. 이와 함께 독일도시회의도 협력파트너로 추가되면서 시에 대한 콘테스트의 신뢰도가 크게 높아진 것도 요인이다.

9번의 콘테스트에 참가한 자치단체는 대부분 인구 1만~5만 명 규모였다. 이것은 말하자면 독일의 자치단체에서 가장 큰 비율을 차지하는 도시와 마을의 규모이다. 이 콘테스트가 중규모, 소규모의 도시나 마을에는 불리하다는 비판도 있었지만, 그 규모의 자치단체 참가 비율도 높아지고 있다.

독일의 콘테스트 형식

콘테스트는 조사표에 답하는 형식으로 이루어졌다. 조사표에서는 환경보호의 일부분만을 평가하는 것이 아니라 자치단체의 환경보호에 관한 영역 전반에 대해 질문하고 있다. 그만큼 광범위하게 평가하는 콘테스트는 세계적으로도 예를 찾기 힘든 것이었다.

또한 1995년과 1997년에는 부문별 콘테스트로 '자연보호 연방수도'와 '온난화 방지 연방수도'를 선발했다. 이로써 '독일 환경지원'은 환경보호에 대한 현재 상황을 개선하려는 과제에 몰두한 것이다. 이것은 그 두 부문의 노력을 썩 중시하지 않은 자치단체에 대한 비판이기도 했다. 이들 콘테스트에서는, 자치단체의 환경보호와 그 대책에 대해서 가장 최근의 정보를 알려주는 조사표의 기능이 무엇보다 중요하게 되었다.

자치단체 콘테스트가 도시와 마을에 미친 효과

'독일 환경지원'에서는 1998년에 앙케이트를 실시해서 자치단체 콘테스트의 효과와 영향에 관해 조사했다. 그에 따르면, 다음과 같은 것이 확실해졌다. 콘테스트에 한 번 이상 참가한 도시와 마을이 217개인데, 그 중 75%는 콘테스트로 말미암아 내부적, 외부적으로 효과가 있었다고 답하고 있다. 효과가 컸던 차례로 각각의 효과를 소개하면 아래와 같다.

〈내부 효과〉
1. 환경활동의 부족함과 필요성을 인식하게 되었다.
2. 콘테스트를 통해서 구체적 프로젝트와 행동 프로그램을 기안하고 실시하였다.
3. 행정당국에서 환경문제에 대한 관심이 높아졌다.

4. 행정당국에서 환경활동에 대한 평가가 높아졌다.
5. 자치단체의 환경보호에 대한 지금까지의 방침을 확인할 수 있었다.
6. 콘테스트를 통해서 환경행정의 자의식이 높아졌다.

그 밖에 환경행정 내에 한시적으로 설치되어 있던 부서가 정식부서로 된 일이 자치단체 콘테스트가 요인이 되었다고 하는 데가 많았다.

〈외부 효과〉
1. 콘테스트는 공적인 영향이 있어서 시민들뿐만 아니라 이웃 자치단체가 떠올리고 있는 시의 이미지를 향상시키는 데 기여했다.
2. 지역 환경단체와의 협력활동이 콘테스트를 통해 강화, 개선되었다.
3. 시민들이 행정당국의 환경활동을 받아들이게 되었다.
4. 정치인들도 환경활동에 더 많이 참가할 수 있게 되었다.
5. 다른 자치단체와 정보교환이 이루어졌다.

더 나아가 콘테스트에 적극적으로 참가하지 않은 경우에도 많은 도시와 마을들이 조사표의 기법을 이용하고 있었다. 자치단체가 환경보호에 대해 가능한 대책의 개요를 파악하거나 구체적인 프로젝트, 컨셉을 촉진시키는 데 조사표가 도움이 되었다.

'환경수도' 수상에 따른 영향

'환경수도'라는 이름을 얻음으로써 각 도시가 얻은 가장 큰 효과는 정치, 행정, 시민들의 환경행정 업적에 대한 평가가 두드러지게 높아졌다는 것이다. 이것은 각 책임자가 올린 성과를 인정받았다는 것이고, 그럼으로써 일에 대한 분명한 동기를 지닐 수 있게 되었다. 상위 입상한 다른 자치단체에서도 똑같은 효과를 보이고 있다.

환경수도가 된 각 도시는 자치단체 환경활동의 장점과 약점을 행정 내에서 분석하기 위해 조사표의 결과를 이용하고 있다. 여러 가지 질문과 특정 질문에 대한 다른 도시의 성과와 자신들의 성과도 비교하고 있다. 특정 문제에 대해 좀더 나은 대응을 하고 있는 도시의 사례와 함께 이들의 비교결과를 나타내서 의회에 적극적으로 공작을 하는 논거의 하나로 사용하고 있다. 프라이부르크 시에서도 이 방법으로 정치에 대한 요구가 이루어졌다.

독일에서 환경수도가 된 자치단체에서 무슨 정책이 이루어지고 있었는지를 더 알고 싶으면, 이 책에 실린 에칸페르데 시와 함 시의 사례를 참조하기 바란다.

일본 환경수도 콘테스트의 구조

콘테스트는 주최자인 우리 NGO가 작성한 설문지에 참가의사가 있는 자치단체가 답신을 하고, 사전에 미리 정해둔 점수를 매기고, 그 합산 점수로 평가하는 식으로 했다. 설문지는 아젠다 21, 환경기본계획, 경영 시스템, 정보공개, 에코 오피스, 시설의 환경화, 자치단체교류, 시민들 힘의 제고, 환경학습, 자연환경, 물, 경관과 공원, 교통, 에너지, 폐기물, 산업의 16개 항목 79개 질문으로 이루어져 있다. 지금 단계에서의 자치단체 행정을 환경이라는 측면에서 모두 알아볼 수 있도록 되어 있다.

설문지를 작성하는 데는 많은 시간이 들었는데, 설문에서 무엇보다 주의했던 것은 다음의 3가지다.

1. 시·구·정·촌의 권한범위 안에서 할 수 있는 정책에 대한 질문으로 한다(국가와 현의 권한에 근거한 정책은 제외한다).
2. 현재 일본의 시·구·정·촌에서 실시할 수 있으며, 그와 함께 선진적인 정책을 촉진할 수 있는 질문으로 한다.
3. 인구, 산업, 자연, 역사 등 다양성 있는 시·구·정·촌에 대해서 공통으로 적용할 수 있는 질문으로 한다.

그러나 실제로는 굉장히 어려워서, 교통과 산업에 대해서는 질문 자체를 자치단체의 상황에 따라서 선택하도록 했다.

순위 결과

참가한 93개의 시·구·정 중에서 주목을 받은 종합 1위는 나고야(名古屋) 시, 작은 차이로 2위에는 후쿠오카(福岡) 시, 이어서 센다이(仙台) 시가 3위가 되었다(표 3·1). 이번 콘테스트는 현시점에서 자치단체가 제도적인 측면에서의 환경문제를 어떻게 풀어나가고 있는지 체크하는 것이었다. 자치단체로서 무엇보다 제도, 계획을 만드는 것이 기초라는 생각에서이다. 그 때문에 결과적으로 정부령 지정도시를 중심으로 한 대도시의 자치단체가 상위를 차지했다. 다만, 인구 약 10만 6000명(참가한 자치단체 중 인구 규모가 큰 차례로 39번째)의 타지미(多治見) 시가 8위, 그리고 인구 약 3만 1000명의 미나마타 시가 10위에 가까운 순위에 들었다는 점에서 열정적인 노력이 순위에 반영되었다고 생각한다.

그리고 종합상 외에 인구별로 제1위와 제2위를 뽑고(표 3·2), 나아가 시민 계획참여 부문상과 지구온난화 대책 부문상을 만들어 인구별로 각각 1위를 뽑아 상을 주었다(표 3·3). 더욱이 득점과 상관 없이 선진적인 연구와 방안이 있는 23개의 사례를 따로 특별 표창하였다. 이번 콘테스트에서는 안타깝게도 '일본의 환경수도'라는 이름을 붙여줄 자치단체가 없다는 결론에 이르렀다. 환경수도의 득점선인, 만점(400점)의 70%(280점)를 넘는 자치단체가 없었기 때문이다. 주최자로서는 이 결과에 대해 환경수도의 이름에 어울리는 자치단체의 조건을 더 의논해서 가까운 미래에 세계를 향해 '일본의 환경수도'

표 3·1_ 종합순위

제 1위	나고야(名古屋)시
제 2위	후쿠오카(福岡)시
제 3위	센다이(仙台)시
제 4위	키타큐슈(北九州)시
제 5위	쿠마모토(熊本)시
제 6위	아마가사키(尼崎)시
제 7위	이타바시(板橋)구
제 8위	타지미(多治見)시
제 9위	우베(宇部)시
제10위	후지사와(藤沢)시

표 3·2_ 인구규모별 순위

▶ 정부령 지정도시	제1위	나고야(名古屋)시
	제2위	후쿠오카(福岡)시
▶ 정부령 지정도시를 뺀 인구 30만 이상	제1위	쿠마모토(熊本)시
	제2위	아마가사키(尼崎)시
▶ 인구 5만 이상 10만 미만	제1위	히다(日田)시
	제2위	타케후(武生)시
▶ 인구 2만 이상 5만 미만	제1위	미나마타(水俣)시
	제2위	히사이(久居)시
▶ 인구 2만 미만	제1위	토와(東和)정
	제2위	토마마에(苫前)정

표 3·3_ 부문별 상

지구온난화 대책 부문	
▶ 정부령 지정도시	나고야(名古屋)시
▶ 정부령 지정도시를 뺀 인구 30만 이상	쿠마모토(熊本)시
▶ 인구 10만 이상 30만 미만	이이다(飯田)시
▶ 인구 5만 이상 10만 미만	치쿠시노(筑紫野)시
▶ 인구 2만 이상 5만 미만	미나마타(水俣)시
▶ 인구 2만 미만	토와(東和)정
시민 계획참여 부문	
▶ 정부령 지정도시	나고야(名古屋)시
▶ 정부령 지정도시를 뺀 인구 30만 이상	이타바시(板橋)구
▶ 인구 10만 이상 30만 미만	타지미(多治見)시
▶ 인구 5만 이상 10만 미만	후츄(府中)정
▶ 인구 2만 이상 5만 미만	히사이(久居)시
▶ 인구 2만 미만	토마마에(苫前)정·토와(東和)정

라고 내세울 만한 자치단체가 길러질 수 있도록 노력을 계속해야 한다고 생각한다.

이번 설문·채점에서는 제도적 실시에 따라 어느 정도 효과를 올릴 수 있을까 하는 내용면에서의 체크를 깊이 있게 할 수 없었다. 인구, 역사, 자연, 산업, 문화 등에서 무척 다양한 시·구·정·촌을 효과적인 측면에서 한데 묶어 평가, 비교하는 것은 곤란하다. 제1회의 콘테스트가 거기까지는 할 수 없었다는 이야기가 된다. 그러나 이번 콘테스트의 성과를 살려서 다음부터는 설문 내용이나 방법을 계속 개선해서, 구체적인 내용과 실정을 더욱 잘 반영하여 평가할 수 있는 방법을 개발해가려 한다.

참가한 자치단체의 의식을 공청회와 시상식에서의 대화를 통해 정리해보았다. 절차탁마하는 가운데 환경에 대한 노력을 진전시키려고 하는 콘테스트의 취지를 잘 이해하고 있었다. 시·구·정·촌장이 높은 관심을 나타내고 있는 데가 많이 있었다. 또한 담당부서도 대부분 적극적으로 노력했다. 공청회도 4시간 이상이나 걸리는 자치단체가 속출했지만 대개 정중히 대답해주었다. 제1회에 일등이 되려고 하기보다는 미래의 환경수도를 목표로 하고 있는 자치단체가 많았다. 참가한 가장 큰 까닭은 스스로의 정책, 제도적인 노력 현황을 다른 자치단체와 비교하면서 검토하고 싶고, 그리고 선진적인 사례정보를 알고 싶다는 것이었다. 또, 콘테스트를 통해서 환경 NGO와 정보교환을 나누고 파트너십을 더욱 발전시키고 싶다는 자치단체도 꽤 있었다.

성장하는 콘테스트와 참가단체

콘테스트가 끝난 뒤, 자치단체와 전국 네트워크에 참여하고 있는 NGO들이 이 콘테스트를 자료로 현 단위의 공동학습모임을 벌써 몇 개 기획하기 시작했다. 또한 여러 현에서도 높은 관심을 보이고 있다. 이 환경수도 콘테스트는 앞으로 10년간 계속해서 실시할 예정이다. 그 과정에서 참가하는 자치단체와 관심을 보여주는 모든 분들의 힘을 빌리면서 콘테스트 자체도 성장

표 3·4_ 특별상 사례

토와(東和)정	'토와정 환경리포트 2000', '토와형 그린투어리즘' 사업
이타바시(板橋)구	'에코폴리스 센터에서 펼치는 환경네트워크'
타지미(多治見)시	'바람 길 구상' 과 '녹색 볼륨 업 작전' 사업
	'독자조사권을 가진 환경심의회'
츠야마(津山)시	'전원공모의 시민위원회에 의한 환경기준계획책정' 사업
이세사키(伊勢崎)시	'이세사키 시청 터벅터벅 쌕쌕 플랜' 사업, '이세사키21 시민회의'
우베(宇部)시	정보공개를 기반으로 한 '우베방식' (산학관민 연대)에 의한 공해대책·방지 사업
토요다(豊田)시	'토요다시 수도·수원(水源) 보전기금' 과 '토요다시 수도·수원 보전 사업', '모든 청사·시설내의 음료용 자동판매기 철거' 사업
나고야(名古屋)시	'자전거운동 촉진을 위한 운동수당 개정' 사업
	'환경기본계획에 관한 예산조치 지원' 사업
아이토(愛東)정	'아이토정 손자안심조례(愛東町孫子安心條例)' 의 제정
미나마타(水俣)시	'환경 마이스터 제도' 사업
코치(高知)시	'코치시 커뮤니티 계획' 의 책정·추진
센다이(仙台)시	'시민들이 알기 쉬운 환경보고서'
후쿠오카(福岡)시	'방치 사이클 제로 선언!' 사업
이이다(飯田)시	'학교숲 정비 사업'
마츠야마(松山)시	'마츠야마시 지구온난화대책 직원연수' 사업
다카마츠(高松)시	'다카마츠시 자전거임대' 사업
니세코(ニセコ)	'니세코정 마을 세우기 기본조례' 의 제정
후지사와(藤沢)시	'강의 섬, 섬 전체 야외박람관 구상' 사업

시켜가고 환경자치단체 만들기도 진전을 이루어 서로 발전하는 관계를 만들어가고 싶다. 제2회에는, 꼭 더 많은 자치단체들이 참가하기를 기대한다.

콘테스트 참가의 이점
일본의 환경수도 콘테스트에 참가하여 얻는 이점을 자치단체 쪽에서 본다면 다음과 같다.

1. 우수한 사례와 집계분석 결과에 대한 정보 등을 얻을 수 있다.
2. 다른 자치단체와 비교됨으로써 현 상황에 대한 검토 자료를 얻을 수 있다.
3. 우수한 사례와 노력의 성과가 평가됨으로써 지역주민에게 어필하여 환경문제에 대한 관심을 높이는 효과를 얻을 수 있다.
4. 우수한 사례가 평가됨으로써 자치단체 내부와 의회의 담당부서 사업에 대한 행정평가가 높아지는 것을 기대할 수 있다.
5. 자치단체의 환경행정을 횡단면으로 파악할 수 있다.
6. 참가과정에서 지역 내외의 환경 NGO와 의견과 정보를 교환하고, 나아가 주민들과의 파트너십 정책과 지역상황을 재점검하는 기회가 된다.

실제로, 참가한 자치단체 가운데 이런 점들을 그 까닭으로 든 단체가 많아서 주최측인 우리들의 생각이 빗나가지 않았다는 점이 확실해졌다.
환경수도 콘테스트의 목적은 시민들이 계획에 참여함으

로써 자치단체 간에 좋은 의미의 경쟁, 절차탁마를 촉진시키는 것이다. 그리고 나아가 일본의 견인차가 될 자치단체를 만들어 내는 구조가 되어 일본사회 전체를 지속가능한 것으로 만들어 나가는 추진력의 하나가 되기를 기대하고 있다.

'환경수도 콘테스트 전국 네트워크' 참가단체

도카치 환경실험실(十勝環境ラボトリ), 야마나시 에코 네트워크(やまなしエコネトワーク), 고향환경시민의 모임(ふるさと環境市民の会), 중부재활용운동시민의 모임(中部リサイクル運動市民の会), 환경시민(環境市民), 미래의 아이(未來の子), 삶을 주시하는 모임(くらしを見つめる会), '아까워' 총련 포럼(もったいない総研ファーラム), 환경 네트워크 쿠마모토(環境ネットワークくまもと)

이 콘테스트를 준비하고 제1회 콘테스트를 실시하는 데는 환경사업단 지구환경기금으로부터 지원금을 받았습니다. 이 글은 『글로벌 네트』 138호에 실린 '일본에도 환경수도를'과 『환경기술』 2002년 3월호에 실린 '일본의 프라이부르크를 만들자'를 바탕으로 작성했습니다.

글_ 스기모토 이쿠오(杉本育生)

후기

지금이야 '환경' 문제의 중요성을 누구라도 인정하게 되었습니다만, 그 해결을 향한 발걸음은 이를테면 '교토의정서'의 예를 봐도 뚜렷하듯이, 이해관계와 정치적인 계산에 얽혀 생각대로 합의에 잘 이르지 못하는 실정입니다. 그러나 국가와 지역 사이에서 환경문제에 대한 의견과 노력에 큰 차이가 있는 것은 당연합니다. 더구나 도시 차원에서는 문제가 좀더 구체적이며 개별적인 것이겠지요. 그렇다면 먼저 자신들의 생활에서 할 수 있는 일부터 노력해나가자고 한 것이 1992년 '지구환경회의' 이래 지방 아젠다의 이념이었습니다. 그 후, 세계의 각 도시에서 환경에 대한 선구적인 노력들이 주목받게 되었습니다.

'세계의 환경도시를 가다'는 1999년 3월에 창간된 『닛케이 ECO 21』(닛케이 홈 출판)이라는 환경잡지에 연재했던 것입니다. 도시 차원에서 환경대책을 실시하여 성공한 사례를 소개한 것으로, 일본의 환경도시 만들기의 모델로 삼고 싶은 생각에서 만들어진 기획물이었습니다. 창간호에서 브라질 꾸리찌바 시를 소개한 후 약 2년 뒤 이 잡지가 휴간될 때까지 세계 각지의 선진도시를 소개했는데, 덕분에 이 기획은 여러 방면에서 많은 반향을 불러왔습니다. 이번에 그 2년간의 성과를 다시 세

상에 내보이게 된 것은 이 잡지와 관계해 일해왔던 사람으로서는 기대 이상의 기쁨입니다. 이와나미 주니어신서(岩波ジュニア新書) 편집부의 모리 미츠자네(森光實) 씨에게 깊이 감사드립니다.

    이 책에서 취재 대상 인물의 직함이나 착공 예정 시설의 완성년도 등을 취재 당시 그대로 실은 점을 양해해주시기 바랍니다. 각 글의 끝에 써놓은 연도는 원고를 실었던 달입니다.

2002년 7월

편저자 이노우에 토시히코·스다 아키히사

이 책을 옮기고 나서

'도시는 미쳤다'는 표현이 오늘날만큼 타당한 시대는 없었을 것이다. '그 당당한 광기'로, 우리 도시는 난개발에 벌거벗고도 한 점 부끄러움 없이 행진을 계속하고 있다. 수도권은 도시의 광기를 적나라하게 보여주고 있는 무대다. 대한민국은 언제쯤 이 개발과 재개발, 난개발의 연속인 '개발도상국'을 벗어날 것인가?

다만, 요사이 많은 사람들이 빽빽이 늘어선 아파트에서 콘크리트의 무기질 같은 삶을 누리는 것만으로는 심한 공복감을 느끼고 있는 것을 보면, 어쩌면 그때가 오긴 올 것 같다는 생각이 들기도 한다. 아무리 개발이 자본주의의 어쩔 수 없는 미덕이며, 전 인구의 90%가 도시로 몰려들어 살 수밖에 없는 개발의 현실을 미련 없이 받아들인다 해도, 이 난개발이 언제까지나 지속되지는 않을 거란 희망도 품어보게 된다. 공복감의 실체는 아마도 자연이 부족한 데서 오는 허기일 것이다. 그래서 도시에 자연을 담아보고자 하는 이러저러한 노력들이 생겨나고 있다. 그러나 사실, '환경도시'는 어쩌면 어불성설이다. 도시는 태생적으로 환경적일 수 없고 따라서 환경은 도시적이지 않기 때문이다. 물론 여기에서 환경이라는 낱말은 생활환경으로서보다는 생태나 자연의 뉘앙스에 가까운 표현일 경우다. 다시 말해, '도시'는 기본적으로 '환경'을 파괴하면서 만들어지기 때문에 '환경도시'라는 말은 모순 된 말일 수 있다는 것이다. 그럼에도 이 '환경'과 '도시'라는 모순을 극복하려는 노력을 위해서라도 여전히 '환경도시'는 유효하다. '환경'과 '도시' 사이의 갭을 메운 환경도시란 되도록 도시 이전의 생태를 그대로 담은 '자연'스러운 도시이다. 이 책에 나오는 환경도시들도 결국 파괴되었던 환경을 회복하여 얼마만큼 본래의 자연으로 되돌렸는가를 보여준 것에 지나지 않는다.

환경도시란 도시가 자연에 대해 짐을 최대한 덜어주고 지속 가능한 생태적 건강을 유지하여 인간의 삶의 질을 보장하는 도시라고 할 수 있을 것이다. 때문에 누구라도 환경도시는 풍부한 자연 속에 편안한 길이 있고 정겨운 마을이 조화롭게 모여 있는 곳을 연상할 수 있다.

길은 자연을 닮고 도로는 인간을 닮았으며, 마을이 자연을 닮고 도시는 인간을 닮았다고 한다면, 우리는 도로를 끊어 길을 만들고, 도시를 부수고 마을을 만드는 것이 '환경도시'로 가는 지름길일지도 모른다. 그러나 가보지 않은 지름길은 언제나 모험이고, 그 모험에 동행할 사람들은 많지 않다. 때문에 환경도시로 가는 길을 위한 충실한 길라잡이가 필요하다.

여기 소개된 환경도시들은 이미 세계적으로 널리 알려지고 우리나라에도 소개된 바 있는 꾸리찌바 같은 경우에서부터 공해도시의 나락으로 떨어졌다가 극적으로 자연을 회복하고 환경도시로 거듭난 채터누가나 미나마타, 그리고 뛰어난 본래의 자연환경을 어떻게 잘 보전하고 지켜가는가를 보여주는 꼬스따리까와 같은 경우를 두루 포함하고 있다.

지금 우리나라에 소개되어 있는 환경도시에 관한 안내서들보다는 훨씬 다양한 각국의 사례를 테마별로 정리하고 있으며, 특히 현장감 있는 취재 글을 통해서 이론서에서는 맛볼 수 없는 환경도시의 생생한 느낌을 주는 것도 이 책의 강점이라고 할 수 있을 것이다. 환경도시에 대한 감을 잡고 실천해 나가려는 활동가들이나 시민, 환경정책의 비전을 설계하고 제시하고 싶은 정치인, 그리고 환경도시의 행정을 펼쳐나가려고 하는 공무원들에게는 이 세계의 환경도시들은 좋은 자료가 될 것이다.

더구나, 신 행정수도가 추진되고 있는 우리나라의 경우에는 끝에 소개된 '환경수도 콘테스트' 같은 일본의 환경운동사례도 눈여겨 볼 만하다. 삶의 질을 중심으로 사고한다면, '행정수도' 유치나 이전 반대에 열을 올리고 '경제수도'의 살찐 도시만을 추구할 게 아니라, '환경수도'에 대한 고민을 시작해야 할 것이다. 환경수도 콘테스트 같은 운동은 이런 인식의 전환을 위한 실마리로 삼을 수도 있지 않을까 싶다.

이 책에 실린 글은 잡지에 연재된 기사들이다. 때문에 각종 용어들이 논문처럼 정교하지 않고 두루뭉실하게 표현되어 있다. 따라서 글의 맥락에 따라 최대한 뉘앙스를 살리려고 했는데 이를테면, '에코'라는 외래어도 그대로 쓰기도 하고 때로는 생태나 환경으로 표현했다.

또 이 책에 나오는 지명이나 고유명사의 경우는 원본에는 없지만, 일반적인 영어식 표기를 빼놓고는 최대한 그 나라 말로 괄호 속에 표기했다. 추후에 독자들이 좀더 공부할 필요가 있을 때를 배려하기 위해서였다. 그리고 본문에 있는 지도는 필요한 경우에만 번역을 했다. 오류가 있다면 역자의 노력과 공부 부족 탓이다. 질책은 달게 받겠다.

5년 전 2월 18일, 여의도 무균병동에 꿈나무를 하나 심었다. 까리브 연안의 해변에서 팔뚝에 굵은 소금을 뿌려놓고 데낄라를 마시며 누에바 깐시온을 듣고 싶다는 소박한 것이었다. 5년은 길고도 짧았다. 그리고 그 꿈나무는 이제 부쩍 자라서, 과떼말라의 국조라는 신비의 새 껫짤을 따라 몬떼베르데의 열대운무림을 날고 또 세계의 환경도시를 여행해 보고 싶은 또 하나의 작은 꿈들이 열매를 주렁주렁 맺었다. 이 책을 번역하면서 얻은 덤이다. 또한 완치를 기념하는 물건이 되어 준 것도 고마운 일이다.

이 책을 흔쾌히 펴내주신 사계절출판사의 강맑실 대표와 부족한 작업을 잘 이끌어준 편집 책임자 최일주 씨, 그리고 부족한 일본어와 기타 외국어에 도움을 준 후배님들에게 감사드린다.

2004년 3월
옮긴이 유영초

세계의 환경도시를 가다

2004년 3월 23일 1판 1쇄
2024년 4월 15일 1판 15쇄

편저자 : 이노우에 토시히코 · 스다 아키히사
옮긴이 : 유영초
편집 : 최일주
제작 : 박흥기
마케팅 : 이병규 · 이민정 · 김수진 · 강효원
홍보 : 조민희

출력 : 블루엔
인쇄 : 천일문화사
제책 : J&D바인텍

펴낸이 : 강맑실 | 펴낸곳 : (주)사계절출판사 | 등록 : 제406-2003-034호
주소 : (우)10881 경기도 파주시 회동길 252
전화 : 031) 955-8588, 8558 | 전송 : 마케팅부 031) 955-8595 편집부 031) 955-8596
홈페이지 : www.sakyejul.net | 전자우편 : skj@sakyejul.com
블로그 : blog.naver.com/skjmail | 페이스북 : facebook.com/sakyejul
트위터 : twitter.com/sakyejul | 인스타그램 : instagram.com/sakyejul

값은 뒤표지에 적혀 있습니다. 잘못 만든 책은 구입하신 서점에서 바꾸어 드립니다.
사계절출판사는 성장의 의미를 생각합니다.
사계절출판사는 독자 여러분의 의견에 늘 귀 기울이고 있습니다.

이 책은 저작권법에 따라 보호받는 저작물이므로 무단전재와 무단복제를 금합니다.

ISBN 978-89-7196-794-2 03530